篠田英朗

集団的自衛権の思想史

――憲法九条と日米安保

選書〈風のビブリオ〉3

風行社

はじめに

本書は、「安保法制（安全保障関連法）」で問題となった集団的自衛権について、歴史的な視点から検討を加える書物である。その際、戦後の日本の国家体制を、憲法九条と日米安保によって特徴づけられるものとして描き出す。

日本国憲法は国際協調主義を掲げており、それは国際政治学者である私にとって、一番大きな関心領域だ。しかし憲法の国際協調主義は、安保法制をめぐる一連の動きの中で、埋没していた。本来は国際社会の公益にしたがって用いられるべき集団的自衛権をめぐって、自国の利益のためだけに使うので合憲、他国のために使うなら違憲、といったやり取りの議論が延々と繰り返された。

今や日本国憲法の国際協調主義は、瀕死の重傷を負っていると感じる。このまま死に絶えてしまう恐れすらあると思う。なぜこんなことになってしまったのか。その問いに対して考えてみようとするのが、本書である。

最近の安保法制をめぐる議論だけでなく、必要に応じて、ポツダム宣言受諾時、憲法制定時、日米安保条約制定時、砂川事件最高裁判決時、日米安保条約改定時、沖縄返還時、冷戦終焉後について、それぞれの時代の論争について観察することも試みた。その結果、日本国憲法の国際協調主義が受けている傷は、やはり根が深いものであることがわかってきた。

その都度、中心的な問題として立ち現われて来たのは、一言でいえば、憲法九条と日米安保体制との整合性の関係であった。もちろんその背景には、戦前の「国体」が、無条件降伏と占領を経て、新しい「戦後の国体」へと転換していく産みの苦しみというものがあった。

他のどの国もそうであるように、日本という国は、独特の国家体制を持っている。それは日本なりの紛争後の「平和構築」によって、つまり大規模な体制転換後の国家再構築のプロセスによって作りだされ、無数の人々の努力をともなって、維持されてきたものだ。

本書は、そのプロセスが何であったのかについて問い直す意図を持ったものだ。その過程で、門外漢であるにもかかわらず、国際法学者だけでなく、憲法学者の先生方の言説を検討したりもした。あらかじめ非礼をお詫びしておきたい。

【目次】

序章

日本の国家体制と安保法制

二〇一五年、「安保法制」をめぐる喧騒があった。しかし私は、一見盛り上がっているように見える議論に、歯がゆさを感じていた。

私は特に国際社会の平和構築活動を専門にしているので、集団的自衛権や平和維持活動を、国際的な観点から考えるのが仕事だ。そのため今回の安保法制をめぐる議論が、非常に国内向けの議論に終始していたことは、不満であった。

政府関係の推進者たちは、日本の安全保障の環境が変化した、日本人を守るために集団的自衛権の行使が必要になった、と説明した。その一方で批判者たちは、それは憲法違反だ、といった抵抗の声をあげた。

やがていつのまにか、安倍首相を支持するか、拒絶するかに、議論が還元されるようになった。そして「壊憲」批判、軍国主義批判、自民党憲法改正案批判等が広がった。その過程で目を見張ったのは、何人かの憲法学者が学術的一線を越える言葉遣いで著作活動を行う現象が起こったことであろう。

私は、安保法制に反対していない。基本的には、日本の安全保障政策の機動性を高めるので、意義があるのだろうとは思っている。それでは私は安保法制を積極的に称賛しているかといえば、必ずしもそうではない。一夜にして日本国憲法が崩れ去り、日本が独裁主義者による軍国主義的戦争を始めることを恐れているわけではない。ただ、安保法制の非常に内向きの性格には、複雑な思いを持っている。

安保法制からは、議論の段階で期待されていた国際協調主義が消えていた。国際問題を専門にする者にとっては、残念なことである。法案を通すことを目標にした自民党・公明党の政治家たちが、日本の安全を高める法律だということを徹底して主張したことが背景にある。本来であれば、集団的自衛権の問題などは、国際秩序の観点から議論すべきだ。しかし政権関係者があくまでも日本の安全の問題だと主張したため、国際社会の話をする機運は消えてしまった。

実は安倍首相が設置した有識者会合である「安全保障の法的基盤の再構築に関する懇談会」（以下、「安保法制懇」）の報告書では、もう少し国際協調主義のトーンがあった。私自身は、日本国憲法が禁止しているのは、侵略戦争を中心とする違法な武力行使であり、憲法が追求しているのは、国際の平和と安全を推進する措置のはずだと考えている。国際協調主義に合致するかどうかは、憲法に合致するかどうかの基準の基本精神だと考える。しかし、安倍首相自身が、安保法制懇の憲法解釈を拒絶し、日本人を守るための安保法制、という立場を徹底した。

本来であれば、国際平和に関する法整備は、日本が国際社会にどのように貢献していくのかを議論するために良い機会であったはずだ。そのために世界の現実がどうなっているのかを分析してみる良い機会であったはずだ。日本国憲法が前文や九条で謳っている国際協調主義を発展させる良い機会になったはずだ。

しかし残念なことに、日本にはまだ積極的に国際の平和と安全に貢献していくほどの準備がない。心の準備がなく、人的資源の準備がなく、大々的な制度の準備に進んでいく機運もない。憲法制定以降、特に冷戦終焉以降、日本は、国際的な平和に貢献していくことを目指してきたはずだ。だが歩みは遅く、違う方向に進んでいるようにすら見える。

冷戦の終焉によって、それまでの日本の国家体制のあり方は持続性のないものになった。冷戦時代に積み重ねられた前提は、古びたものになった。大昔の幻想を維持してさえいれば永遠に高度経済成長を遂げることができるわけではない。変化を恐れるだけでは、日本は衰退して沈没してしまう。

もっとも社会から浮遊した形で政策を論じてみても、的外れな行動に終わるだけだろう。まずは日本の歴史を平和構築の観点から見直してみながら、安保法制はいったい何なのかを、日本の国家体制の文脈で冷静に理解する作業が必要だろう。そのように思い、書き始めたのが、本書である。

安保法制の歴史的位置づけは、戦後日本の国家体制の観点から考えてみるのでなければ、不明瞭なものにとどまるだろう。本書が目指すのは、大局的な歴史感覚と、総合的な国家体制に対する冷静な視点をもって、安保法制を捉えようとする人たちのための一助となることだ。

第一節　集団的自衛権をめぐる議論に課せられた歴史的挑戦

本書は、安保法制をめぐる議論の中でも中心的な課題である集団的自衛権に焦点をあてて議論を進める。集団的自衛権は大きな争点になったように見えるが、ほとんどの場合、議論の対象とする集団的自衛権の理解にずれがあり、論戦者がそれぞれが持つ幻影を糾弾しあっているような状況がしばしば展開した。端的に、整理が必要ではないかと思うところはあった。

しかし本書では、単純な概念整理にとどめることなく、さらに進んで、集団的自衛権をめぐる問題を、憲法九条と安保法制の観点から検討する。「集団的自衛権を行使してはならない」と憲法典に書かれているわけではない。それにもかかわらず違憲だと言うためには、ある特定の思考の筋道を当然とすることが必要になる。本書は、それを、日本の戦後史の中のいくつかの重要な政治的分岐点における歴史的な言説も拾い上げながら、検討していく。それぞれの論点は、本書の各章でより詳細に見ていくが、あらかじめここで簡単に要点をまとめておこう。

第一に、まず本書は、擬人的に語られる「国家」あるいは「国民」という「自衛権の主体」の問題を指摘する。一九五〇年代に政府は、本来は国際法上の概念である「自衛権」を憲法解釈論に導入した。やがてそこから集団的自衛権だけは除外する、という二段構えの議論を進めた。本書は、その背景にある構造的な事情として、日本国憲法における「国民」の登場に注目する。ポツダム宣言からＧＨＱの憲法案に至るまでアメリカ人たちが使用していた英文テキストでは、「people」が使われていた。ところが日本人の憲法起草者グループが「国民」の概念を導入し、さらに憲法学者たちがそれを劇画的に演出した。「国民」は、国民国家原則の時代においては、基本的に「国家」それ自体と同じである。主権者の「国民」を通じて、戦前の「国家法人説」のような議論が、次々と裏口から憲法論に入り込んでくることも防げなくなった。国家を擬人化し、「自分で自分を守る権利」としての「(個別的)自衛権」などという、極度に抽象化された理論が、日本国憲法の公式解釈になってしまった。そして国際協調主義は、日本の「抵抗の憲法学」では説明されえない仕組みとなってしまった。なおこの論点をめぐる事情は、憲法制定時期に焦点をあてながら、主に第一章で論じていく。(ただし、第一章の議論は理論的で難易度が高いと感じる読者が少なくないかもしれない。その場合には、ぜひ先に第二章以降を読み進めていただきたい。)

第二に、日本が主権回復を果たしたときに設定された国際的安全保障の制度的枠組みが、憲法外の事情として処理されてしまった問題がある。独立前にすでに憲法が存在していたという建前から、憲法学の概念枠組みから、一九五一年サンフランシスコ講和条約および日米安全保障条約は欠落してしまった。一九五一年に締結されたサンフランシスコ講和条約は、

「日本国が主権国として国際連合憲章第五十一条に掲げる個別的又は集団的自衛の固有の権利を有すること及び日本国が集団的安全保障取極を自発的に締結することができることを承認」した。そして同日に締結された日米安保条約は、日米「両国が国際連合憲章に定める個別的又は集団的自衛の固有の権利を有していることを確認」した。日本国憲法はこれらの措置と矛盾しないどころか、制度趣旨からすれば、これらの措置を前提にしていた。そして日本国憲法は本来、主権回復を果たした瞬間においてようやく完全な独立国の憲法として確立されたはずであり、サンフランシスコ講和条約と日米安全保障条約の存在は、不可避の憲法論の一部となってもよいものであった。しかし憲法は国家の主権回復に先立って完成しており、「集団的取極」は憲法外の出来事として扱われた。この事情については、主に一九五一年主権回復前後の時期に焦点をあてながら、第二章で論じていく。

第三に、「最低限の自衛権」という、やはり憲法典を超えた概念設定の問題がある。自衛隊の創設以降に主張された、憲法で禁止されていない戦力保持があるという九条二項解釈が、いつのまにか「最低限の自衛のための戦力なら合憲だ」という議論を生み出し、やがて「最低限の自衛とは個別的自衛権ということだ」という特殊な解釈を生み出した。そもそも日本国憲法で明文化されている文章だけを見れば、国際協調主義こそが推進されなければならない。「国権の発動たる戦争」や「武力による威嚇又は武力の行使」を「国際紛争を解決する手段としては」放棄するのは、「全世界の国民」の「恒久の平和」を達成するためだ。

ところが「最低限であるかどうか」という論理が、いつのまにか「個別か集団か」で違憲・合憲が決まるという憲法の文言を超えた論理に駆逐されてしまった。なおこの論点をめぐる事情は、主に一九六〇年新日米安保条約締結前後の時期に焦点を当てながら、主に第三章で論じていく。

これら三つの日本の憲法学をめぐる概念枠組みの論点に加えて、さらに日本の国家体制の理解に大きな影響を与えた政治情勢の変転があることも、強調しておかなければならない。特に重要なのは、「軽武装・経済成長」という「吉田ドクトリン」が日本を繁栄させたという神話である。極東における軍事戦略のため、そして日本の軍国主義化と共産主義化を防ぐため、アメリカは沖縄を中心とする日本国内の基地の存続を望んだ。日本の歴代内閣は、アメリカの意向を逆手にとり、アメリカの安全保障の傘を確保した上で、経済成長に専心して実利を得る外交戦略を実践しようとした。それは一九六〇年の新日米安保条約後の時代に制度的に完成した。吉田路線を引き継ぐ首相たちが主導した高度経済成長の高揚は、日本の外交路線の収斂をもたらした。沖縄が返還された一九七二年に「個別的自衛権は合憲、集団的自衛権は違憲」という内閣法制局見解が固まるが、それは「安全保障はアメリカに極力やってもらい、日本は経済成長に極力専心する」という、冷戦時代に見出した日本流の現実主義の結晶であった。一九六〇年代前半までの日本政府は、一貫して自衛隊の海外派遣は憲法上許されないとしながら、集団的自衛権それ自体が違憲だという言い方はしなかった。しかし連日ベトナムに向かう爆撃機が発進していた米軍基地がある沖縄が返還されるにあたり、伝統的な外交政策を守るために、政府は一歩踏み込んだ説明をしなければならなくなった。憲法が許していないのだから集団的自衛権の行使などやらない、と政治家たちがことさら強調したくなった時代になって初めて、内閣法制局も集団的自衛権行使それ自体が違憲だという議論を大々的に展開するようになった。なおこの論点をめぐる事情は、一九七二年前後の政府見解確立期に焦点を当てながら、主に第四章で論じていく。

本書の第五章では冷戦終焉がもたらした変化を描写し、その観点から安倍内閣における集団的自衛権限定容認の動きを位置づけることを試みる。終章では、議論のまとめを行うとともに、日本の立憲主義および国際協調主義の未来について考察を加える。

第二節　日本の国家体制と安全保障

日本は戦争に敗北し、武装解除された後、占領統治下で、戦争放棄・戦力不保持を謳った憲法を制定した。主権回復にあたっては日米安全保障条約を結び、恒常的に米軍を駐留させる国制を作り上げた。戦後日本の国家体制は、「表」の看板としての憲法九条の平和主義と、「裏」の基盤としての日米同盟による安全保障によって成立しており、根本的な不整合性を抱えながら、危うい均衡を常に見出す努力によって、維持されてきた(1)。

近代立憲主義の祖と言える、社会契約論を推し進めた一七世紀のジョン・ロックやトマス・ホッブズは、人間一人一人の自己保存の「自然権」から、社会のあり方を考え直す視点を確立した。社会契約とは、人間一人一人が、各人の生命をよりよく守るために、相互に社会を作るための契約を結び、秩序の番人としての政府を設立する契約を結ぶ、という思想だ。今日、われわれが立憲主義と呼ぶ思想も、つまり社会契約論の政治思想にその淵源を持つ。

そこで問題になるのは、実は日本は、自国の政府だけで国民を守る仕組みをとっていない国だということだ。日本は、自国の安全を、アメリカという他の国にも委ねている。それどころか第二次世界大戦後の日本の独立国家としての地位は、駐留米軍を抜きにしては存在したことがなかった。日本の主権回復時に締結されたサンフランシスコ講和条約の不可分の一部として、日米安保条約は成立した。主権回復後六五年がたつ今日においてもなお、アメリカの軍隊が約五万人の規模で駐留している（約一万三〇〇〇人の日本に拠点を置く「第七艦隊」軍艦乗員数を除くと約三万七〇〇〇人）。これはアメリカの外国駐留兵力として最大であり、アメリカの駐留兵力が約三万五〇〇〇人のドイツ、約二万五〇〇〇人の韓国なども凌駕する数である。イラクやアフガニスタンなどは、全く比較の対象にならない。

ヘンリー・キッシンジャー国家安全保障問題担当大統領補佐官が一九七一年に中国を極秘

訪問して周恩来と会談し、歴史的な米中和解を準備した際、日米安保条約に基づく在日米軍の駐留は日本の「軍国主義」回帰を抑える「瓶のフタ」の役目を果たしていると述べたことは、あまりにも有名な逸話である。在日米軍は、アメリカの極東戦略において重要な軍事拠点であると同時に、日本が単一の軍事大国として台頭することを防ぐ二重の効果も発揮している。憲法九条と日米安保を基軸とする日本の国家体制は、東アジアの国際秩序の構造とも結びついたことにより、いっそう深い安定性を保ってきたのである。

この戦後日本の国家体制で謎なのは、約五万人の外国兵力を受け入れながら、なお集団的自衛権は行使しないという立場を取り続けていたことであろう。それだけの外国軍を常駐させ、共同防衛をとる前提で自国の軍隊も整備しているにもかかわらず、集団的自衛権は行使しないという立場をとるという姿勢は、どのようにして生まれたのだろうか。本書は、その特異な政策は、冷戦時代の産物であったと論じる。したがって日米同盟を冷戦終焉後にも存続させるのであれば、再調整は不可避であったことを示唆する。

今回の安保法制の最大の目的は、日米間で懸案事項となっていたいくつかの技術的と言ってもいい事項を処理することだった。集団的自衛権に抵触する恐れがあるのでダメだとされてきた米艦防御などのアメリカに対する支援業務について、実施可能としておくことだった。だが結局それは、七〇年間にわたって米軍が日本に駐留しているという現実に、二一世紀の状況をふまえて、あらためて向き合おうとするだけの措置なのかもしれない。

本書が定義する「戦後日本の国家体制」とは、憲法九条の平和主義を基盤としながら、日米同盟によって安全保障を維持する日本という国の仕組みだ。その国家体制においては、「表」が憲法であり、「裏」が日米安保である。冷戦中に作り上げられ、苦心して維持されてきた仕組みだ。ただし冷戦の終焉によって、冷戦中に前提にしていた諸条件は、消滅してしまっている。共産主義という、日米のエリート層の共通の脅威は、消えた。それでもなお「同盟」を維持するのであれば、新しい基盤の上に維持していく努力が必要になった。その努力の一つが安保法制だった。

日本の国家としての存在の一支柱を形成しているのが憲法九条であることは論を待たない。しかし憲法九条は、国際社会の歴史的文脈も考慮しながら、日米安保体制という実際のシステムを視野に入れて考えていくのでなければ、理解できない。安保法制について考えることは、日本の国家体制の仕組みを客観的に見つめ直すための必須作業である。

第三節　憲法学者と安保法制

安保法制をめぐっては、「違憲である」という議論が盛んになされた。ほとんどの憲法学者が安保法制を違憲とみなしているという報道もなされた。しかし元最高裁判所判事である藤田宙靖氏（専門は行政法）は、「想定外」の安倍政権の「非常識な政治的行動」に憤るのは当然としつつ、「このような事態を阻止するための精緻な憲法理論が前もって十分に積み重ねられて来たかと言えば、それはかなり疑わしいのではないか」とも言う[2]。憲法九条は、多くの憲法学者が思い入れを強く持っている問題である一方で、憲法学者が日常的に専門研究しているとは言えない特殊な問題であり、事情は複雑である。

憲法学者が注目されたのは、二〇一五年六月四日の衆議院憲法審査会において自民党が参考人として呼んだ長谷部恭男・早稲田大学教授（元東京大学法学部教授）が、安保法制は違憲だと明言してからであった。長谷部教授は、現役の憲法学者の中では最高権威と言っていい存在だ。功利主義的な視点を取り入れながら、法的安定性の観点から、自衛隊の存在を擁護する議論も展開してきた人物でもある[3]。だからこそ、長谷部教授による安保法制は違憲だという発言が、大きなインパクトを持った。もっとも長谷部教授の師にあたる故芦部信喜・東京大学名誉教授は、憲法学の基本書において、「国連憲章で新しく認められた集団的自衛権」は、「自国の実体的権利が侵されなくても、平和と安全に関する一般的利益に基づいて援助するために防衛行動をとる権利であり、日本国憲法の下では認められない」と断言していた[4]。長谷部教授がやはり師事した樋口陽一・東京大学名誉教授は、単なる安保法制違憲論だけでなく、安倍政権・自民党改憲派に対する批判を活発に行ってきている[5]。

芦部の孫弟子にあたる木村草太・首都大学東京教授は、二〇一四年に集団的自衛権行使を容認する閣議決定が出た際には、これは合憲だという主張をしていた。「憲法学者として七・一閣議決定の中身を見ると、『従来の解釈と完全に整合している』と読むことができる文章にはなっていると思います。公明党議員の方々が、与党協議でかなり頑張ったということでしょう」と述べ[6]、「個別的自衛権と重なる範囲で、集団的自衛権の行使を認めたものであり[7]」、「日本国憲法の枠内に収まっていると評価」していた[8]。違憲であるはずの集団的自衛権も、個別的自衛権と重なっていれば合憲になるという立場であった。ところが、その木村教授は、長谷部教授が安保法案は違憲だと明言し始めた頃には、安保法案違憲論を声高に唱えるようになっていた。やがて、「たいていの憲法学者が憲法違反と言っていますし、国民の間でもそのことが理解され、『憲法違反だと思う』というような回答が世論調査で多数を占める状況になっています。したがって、法案が憲法違反であるという点は決着がつきました」、と断言するようになった[9]。そして木村教授は、国際政治学者が多数を占めた「安保法制懇」に対しては、「まともな相手をする水準ではない」「スキャンダラス」「無責任な態度」「理解不能な水準」「法的検討の稚拙さ」「呆れ果てる」といった強い言葉を使って糾弾した。

しかし果たして問題は、木村教授が主張するほど明確であろうか。たとえば、個別的自衛権と集団的自衛権が重なる部分があり、その部分において、集団的自衛権の違憲性が優越せず、個別的自衛権の合憲性が優越する、という理論をとってみても、それ自体として新しい理論であり、議論の余地があったはずだ。少なくともそのような見解を、過去に日本政府が示した経緯はない。二〇〇三年七月八日に民主党の伊藤英成・衆議院議員は、小泉内閣に対して提出した「内閣法制局の権限と自衛権についての解釈に関する質問主意書」において、個別的自衛権と集団的自衛権は重なるのか、重なる場合にはどちらが優越するのか、という質問を行っていた[10]。これに対して同年七月一五日に小泉純一郎・内閣総理大臣名で提出された「答弁書」は、個別的自衛権と集団的自衛権の「両者は、自国に対し発生した武力攻撃に対処するものであるかどうかという点において、明確に区別される」と返答していた。そのためこの答弁書においては、両者が重なる場合にはどうなるのか、という質問に対する回答はなされなかった[11]。

第四節　幸福追求権による違憲論

木村教授は、かつての政府見解に「十分な説得力」があったと述べる。憲法一三条の「生命、自由及び幸福追求に対する国民の権利」が「国政の上で、最大の尊重を必要とする」ものであるため、「政府には、国内の安全を確保する義務が課されている」。また、「国内の主権を維持する活動は防衛『行政』であり、内閣の持つ行政権（憲法六五条、七三条）の範囲と説明することもできる。とすれば、自衛のための必要最小限度の実力行使は、九条の例外として許容される」のだという。ちなみに「集団的自衛権の行使を基礎付ける憲法の条文は存在するか。これは、ネッシーを探すのと同じくらいに無理がある」[12]。

しかし日本国憲法には、木村教授の解釈を許す題材があったとしても、裏付けるほどの文言は存在していないようにも思われる。「国内の安全を確保する義務」とか「国内の主権を維持する活動は防衛『行政』」と、いちいち「国内の」という留保を付けて説明しているのは、木村教授が独自に追加した文言によってであって、日本国憲法の実際の条項によってではない。憲法一三条が定める「生命、自由及び幸福追求に対する国民の権利」は国外での脅威によって損なわれるかもしれず、そもそも個別的自衛権であっても常に「国内」だけで完結する行動だとは限らない。また、憲法六五条と七三条とは、「行政権は、内閣に属する」ことを定め、その「行政権」には「外交関係を処理すること」が含まれる、と淡々と書いてあるに過ぎない条文である。木村教授は、この二つの条文をもって「個別的自衛権」という憲法典に登場しない概念を「合憲」、しかしやはり同じように憲法典に登場しない「集団的自衛権」は「違憲」と断定する。しかも七三条の「外交関係の処理」の一つだと言えるので「PKO法」は「合憲」だ、などと次々と○×方式で、憲法典にない概念の「合憲」「違憲」判断を示していく。しかし「国民の生命、自由及び幸福」を守るのに、「個別的自衛権」（と憲法学者が定義するもの）が必要かつ十分で、「集団的自衛権」は無関係、「国連平和維持活動」は「外交関係の処理」だが、「集団的自衛権の行使」は「外交活動の処理」とは言えない、などの見解は、よほどの検証が必要であり、おそらく具体的な事例に即して個別的な判断を下していかざるをえないようなものではないだろうか。集団的自衛権の行使によって憲法一三条を遵守する場面は絶対にありえないと断言することは、本当にそれほど簡単なことだろうか[13]。

木村教授は、法律の解釈はプロらしく行うべきだとして、団藤重光（刑法学の権威）『法学の基礎』を参考文献にあげる[14]。しかし実際の団藤の議論を読むと、木村教授の意図は不明瞭に感じられてくる。団藤は『法学の基礎』において、「制定法の解釈」にあたって、「論理的解釈」、「利益の較量」、「その基準として法の奥にあるもの（立法趣旨）」をあげた[15]。そして述べた。

> 法解釈について種々さまざまな解釈が主体的に持ち出され、それが判例に反映し……判例の形成において、これらの見解の一つのもの、あるいはいくつかのものが、そのままの形においてであろうと修正された形においてであろうと、あるいは複合的な形においてであろうと、採用される。かようにして法そのものが客観的にさらに形成されて行くのである。……はじめからある解釈内容が客観的に存在していて解釈者がそれを発見するものと見るべきではなくて、上に述べて来たような法解釈の主体性を通じて法

解釈が客観化されて行くということになるべきであろう。……かような個々の法解釈の見解における主体的＝客観的構造が、司法制度という機構を通じ、判例という形式において、より社会的な意味における客観性＝主体性を獲得するということになるのである[16]。

団藤の考えに従えば、絶対的に客観的な解釈者は存在しない。憲法学者が何人か集まると、客観的に不動の尺度ができあがるというわけではない。解釈者は何人集まっても解釈者にすぎない。「法の支配」を重視する立憲主義に立脚する社会では、絶対的な客観性を持つ解釈は存在しないという前提をとった上で、なお「司法制度」、つまり裁判所の判例に大きな重みが与えられる。団藤が述べているように、法解釈が特別なのは、裁判所という特別な権威を持った法解釈機関が存在しているからでもある。判例がない事案については、判例がないという基本的な事実から出発せざるをえず、憲法学者へのアンケートがその代替になるわけではない[17]。

第五節　不文の憲法原理による違憲論

やはり安保法制に強く反対する論陣を張った高見勝利・上智大学教授（小林直樹・東京大学名誉教授の弟子）は、しかし全く異なる論拠で集団的自衛権の違憲性を論じた。高見教授によれば、従来の政府見解における自衛権は、「憲法の条規を超えた『不文の憲法原理』」による。[18] 安保法制に関する二〇一四年七月一日閣議決定は、武力の行使が「不文の憲法原理」としての「固有の自衛権」に根拠を有していることに言及していないがゆえに、批判されなければならないのだという。高見教授によれば、かつての一九七二年政府見解は、国家「固有の自衛権」から「必要な自衛の措置」を導出するものであった。[19]

自衛権の根拠として憲法一三条の幸福追求権をあげた佐藤達夫・元内閣法制局長官は、「それを手放しにしておいたのでは、もうひとつの憲法の理想となっている平和主義に衝突する」と懸念していた、と高見教授は強調する。[20] そして一三条を自衛権の根拠とすることに否定的な立場をとる（ただし佐藤達夫の立場は高見教授のそれとは違う）。[21] 二〇一四年七月一日閣議決定によって、一三条は武力行使の根拠ではなく、目的を定めた規定に転換されていると高見教授は指摘し、そのような一三条の援用を批判する。[22] 高見教授によれば、幸福追求権を含む憲法上の自由は国家権力が侵してはならない「国家からの自由」を定めたものであり、それ自体が目的ではない。万が一「保護義務」が国家にあると考えたとしても、それは主権が及ぶ領域等に限られるはずだという。[23]

だが幸福追求権は国家が侵してはならない自由を定めた権利であるとして、それは国家に不作為だけを求めた規定だと解釈できるだろうか。高見教授の主張では、幸福追求権の保護にあたって国家に義務付けられているのは、ただ邪魔をせず、何もしないことであるかのようである。だが一三条は、「包括的基本権」として単なる「自由権」とも区別され、幸福追求権を「天賦の権利」としたアメリカの独立宣言に思想的淵源を持つとされる規定だ(24)。当然の環境整備を怠ったために幸福追求権が侵害されることが容易に想定される場合には、政府に作為義務が発生するのではないだろうか。たとえば幸福権を阻害する具体的で明白な脅威があるが、可能な対応策でその脅威を除去できるのに対応策をとらない場合、それは一三条の観点から望ましくない政府の怠慢だと言えないだろうか。たしかに国家が国民を幸福にすることを約束し、国民の幸福の実現を国家が保障することはできない。だがそのことと、一三条がただ国家の不作為だけを求めて一切の作為を求めていないと主張することとは、全く異なる。

憲法一三条に即した幸福追求権で国家の自衛権行使の措置を基礎づけてはいけないという態度は、自衛権をただ高見教授らだけが知っている「憲法の条規を超えた『不文の憲法原理』」なるものにそってのみ理解しなければならないことを意味する。国際法でもなく、憲法一三条でもない、「憲法の条規を超えた『不文の憲法原理』」としての国家の個別的自衛権とは、いったい何なのか。その根拠は何なのか。この点については、次章であらためて見ていくことにする。

第六節　日本の国家体制の「線引き」

実は山元一・慶応義塾大学教授のように、憲法学を専攻していても、「集団的自衛権と憲法九条をめぐる議論は、一概に違憲か合憲かと判断できないグレーゾーンにある」と述べる場合もある[25]。仮に結論が同じ場合でも、たとえば木村教授と高見教授の集団的自衛権違憲論は、全く異なる論法に基づいている。木村教授は、ある機会では、「昨今の安保法制論議を見ていると、私のような憲法学者でさえ『ついていくのが大変だ』と感じます」、と告白していた[26]。むしろ「日本国憲法は、いろいろな運用の仕方をする余地のある、弾力性に富む憲法」だということではないだろうか[27]。

先に紹介した長谷部教授の違憲論は、もう少し実際的なトーンを持ちながら、独特の論理展開を見せるものであった。長谷部教授の議論は、一言でいえば、法的安定性が重要だという議論である。集団的自衛権については、内閣法制局が違憲だという見解を数十年にわたって持っていたのであるから、それを変更することは慎まなければならない、というものである。「ここが国境です、というのは約束ごとで引いているだけで、実は自然の山とか海があるだけ。だからといって、人為的なものだから動かしてもいい、と言い始めたら、いつまでも争いはなくならない。いったん線を引いたからには、安易に動かすべきではない」[28]。

長谷部教授は、二〇一四年七月一日閣議決定に関しても、「どう考えても変です」と述べ、違憲という評価を下していた。「……限界が不明確というより、限界はないということなんだと思います。……歯止めはないと言っていいでしょう。従来の政府見解の基本的な枠を超えていることがここでも裏付けられるわけで、結局、憲法違反だろう、と」[29]。長谷部教授によれば、七・一閣議決定は、「合憲性を基礎づけようとするその論理において破綻しており、自衛隊の活動範囲についての法的安定性を大きく揺るがすものであるのみならず、日本の安全保障に貢献するか否かもきわめて疑わしい」[30]。長谷部教授は、「内閣法制局による憲法の解釈が、その時々の党派の見解から独立した客観的妥当性を備えたものでなければならない」と述べつつ、従来の内閣法制局はそれだったとして、擁護するのであった[31]。

長谷部教授は、「憲法制定権力」について考えることは不要になるのではないか、と示唆する論文を執筆したことがある[32]。「法的安定性」について尊重していれば十分だという含意である。しかし「法的安定性」だけを理由にして、「ここが国境です、というのは約束ごとで引いているだけで、実は自然の山とか海があるだけ」と述べた上で、内閣法制局見解に従わないと違憲だと言うことは、必ずしも自明かつ必然的な推論とは思えない。解釈論者たちが行った「線引き」は、どこまで行っても解釈論の域を出ることはない。

長谷部の著書に対する書評において山口響は、「個別的自衛権をいったん認めてしまったら、『集団的自衛権は憲法上禁止』というところに線を引きつづけることには、『さしたる合理的理由がない』」ということになってしまう、と懸念した。せいぜい「『今までそう言われてきたのだから、その線を守らねばならない』ということ以上のものではない」ことになってしまい、「世論の受け入れるところになれば、集団的自衛権は容易に解禁されてしまう」。「長谷部流の理解でいえば、それは立憲主義とも矛盾しないということになってしまうのではないか」(33)。個別的・集団的を問わず、そもそも九条は「国際法上みとめられる自衛権を憲法によってあえて放棄したものと解すべきであり、九条の外側に、それとは別に『自衛権』概念を立てることは、憲法解釈論としては背離というべき」とする樋口陽一・東大名誉教授のような立場もある(34)。

集団的自衛権の問題は、確かに「線引き」の問題だろう。しかし個別的自衛権と集団的自衛権の「線引き」、集団的自衛権と集団安全保障の「線引き」、そして合憲と違憲の「線引き」、あるいは平和主義と国際協調主義の「線引き」、その他、数々の関連する「線引き」をする作業は、著しく複雑である。結局、「線引き」は、憲法および国際法の問題として、そして日本という国の仕組み及び日本の国際社会における位置づけの問題として、総合的な観点から考えていかざるをえない。

従来の日本の国家体制の仕組みからすると、日米安保は「裏」側で、「表」側は憲法学者の議論によって成り立っていた。安保法制は、この表と裏の「線引き」を見直すものであったがゆえに、憲法学者たちの逆鱗に触れた。だが安保法制成立後になっても、まだ憲法それ自体が否定されたわけではなく、日米安保が優越すると主張されているわけでもない。「表」と「裏」は、やはり「表」と「裏」として存在し続けており、さらなる「線引き」をめぐる議論を求めている。このことを念頭に置きながら、次章以降でさらに様々な議論を、歴史的な展開もふまえつつ、検討していくことにする。

第一章

自衛権を持っているのは誰なのか？

――一九四五年八月革命と憲法学出生の秘密

日本国憲法は、「自衛権」はもちろん、「国家」についても一切言及していない。したがってこれらの概念を九条に関する議論に持ち込むやり方は一様ではない。まず政府が持ち込み、憲法学者たちは時間をかけて認めていくようになった。その結果として、憲法学における「国家の自衛権」の理解には錯綜が生じた。本章では、その背景に、日本国憲法が成立した際に作られた「八月革命」という物語がかかわっていると論じる。

第一節　「自衛権」の憲法論への侵入

憲法制定時において、憲法学者のほとんどは憲法九条に自衛権の留保を付していなかった。吉田茂首相ですら「自衛権の発動としての戦争」を否定していたことはあまりにも有名である。[1] 一九五〇年の朝鮮戦争勃発にあたり、マッカーサーは後に自衛隊へと発展する警察予備隊の創設を指示した。そこから憲法九条は自衛権を否定していないという解釈が、政府公式見解になった。[2] 時を経て、憲法学者たちも、段階的に「自衛権」の留保を通説化させ、さらには次第に政府見解を受け入れる場合が多くなっていった。だがそうなると次に問題になるのは、憲法典には明記されていない推論を手掛かりに、今度は自衛権を「制限」する方法をどう捻出するかであった。政府が定めたのは「必要にして最低限の自衛力」の概念の導入であったが、それが高じて後に「最低限とは個別的自衛権で、集団的自衛権は最低限ではない」という派生的解釈が生まれた。そして政府見解容認の立場に立つ憲法学者たちのほとんどがこの議論を受け入れるようになった。

しかし実際には、前章で見たように、憲法学者による「(個別的)自衛権」の正当化にも、いくつかのパターンがある。憲法学においては、まず「自衛権」を憲法が放棄しているか留保しているかで学説が分かれる。さらに留保の場合に自衛権にかける制約の方法に応じて、「非武装自衛権説(武力なき自衛権)」(学界通説)、「自衛力肯定説」(政府公式見解)などに大別される。(3) そもそも憲法学における「自衛権の内容について、学説および裁判所の理解は一定していない」。(4) そこで本章では、英米流の立憲主義の立場を参照しながら、学界通説と政府見解の特徴を明らかにし、「自衛権の理解」の背景にある問題について注意を喚起する。

「自衛権」理解の第一の代表的な形態と本書が呼びたい流れは、日本国憲法に内在する論理に反映させて、正当化するものである。つまり憲法一一条の「基本的人権」および一三条の「生命、自由及び幸福追求に対する国民の権利」が、権利享受に必要な環境の整備が憲法によって根拠づけられている、と論じる方法である。(5) 武力攻撃などで「基本的人権」及び「幸福追求権」が侵害されている状況であれば、政府は積極的な施策を取って状況を改善する義務を負う。その政府の措置の「必要性と均衡性」は、守るべき人権との関係において、審査されるはずだ。

社会契約論に根差した立憲主義によれば、政府は社会構成員の安全を確保する責務を負っている。人民は、自分たちの安全をよりよく守るために、「信託」して政府を設立するのである。思想史の関連から言えば、社会契約論に根差した自衛権の理解こそが立憲主義的なものだと言えるだろう。日本国憲法前文において登場する「信託」概念は、この意味での立憲主義を示している。政府が「信託」を受けて行使する自衛権は、憲法一一条・一三条などとの関連で、その根拠および範囲が設定されるべきである。

ところが実際には、内閣法制局も多くの憲法学者も、このような英米流の立憲主義の考え方にそって日本国憲法を議論せず、むしろ擬人法を多用し、国家法人説を導入して、自衛権などの議論につなげる。人権保障に対する「必要性と均衡性」を基準にするのではなく、国家の自己防衛の範囲が「最低限」なのが個別的自衛権で、集団的自衛権は「最低限以上なので違憲」、といった議論を展開する。多くの憲法学者や過去の内閣法制局が依拠している論理は、上述の意味での立憲主義的なものではない。日本が個別的自衛権だけは行使できるのは、自分が自分自身を守る国家の自己保存の権利までは憲法も否定していないはずだから、という論理である。そこで国家が自分自身を守るのが本当の自衛権なので、他者を守る権利を自衛権と呼ぶのはまやかしであり、憲法は許していない、という議論になる[6]。

この国家の自己保存権としての「自衛権」の正当化方法は、国民を守るために政府が取る措置を正当化するのではなく、国家あるいは国民が自分自身を守るために取る措置を正当化する概念構成に依拠している。国家の自己保存の権利が自衛権で、それは個別的自衛権なので、憲法が国家の自己保存の権利として認める自衛権は個別的自衛権だけだ、という自家撞着的な論理構成である。「我が国が自国の平和と安全を維持し、その存立を全うするために必要な自衛の措置をとり得ることは国家固有の権能の行使」といった内閣法制局の説明は、「国家固有の権能」を強調する点において、憲法典内在的な説明を拒絶した主張である。従来の内閣法制局の説明では、自衛権をめぐる主語も述語も、「国家」なる超憲法典存在であるのが特徴だ。(7)

憲法学においては、自衛権は否定されないが戦力は持てないという理由で、「民衆蜂起」が残された自衛権行使方法だ、とする学説が根強かった。この考え方によれば、国民が主権者だという理由で、国民それ自体が自ら直接自分自身を守ることが最も正しい本当の自衛権だということになる。「信託」して政府などに安全保障を代行させるのは真の主権者らしくない行為なのである。また内閣法制局によれば、国家が自衛権を持ち、国家が自分自身を守るのが自衛権だという。ここでも国家それ自体が主権者として直接自分自身を守ろうとするのが本当の自衛権だ、という論理が貫かれる。つまりこれらの憲法学者や内閣法制局の議論からは、社会構成員と政府の間の「信託」関係などは全く度外視されてしまっている。社会契約論に根差した伝統的な意味での立憲主義は忘れ去られており、ひたすら真の国民主権、真の国家主権が追い求められているのである。

九条一項が放棄する武力行使に、政府が社会構成員の基本的人権を守るためにとる必要かつ均衡性のある措置は含まれない、というのが、第一の憲法内在的な論理である。人々は、政府を「信託」して自分たちの安全を確保するための措置をとらせる。英米流の社会契約論の政治思想にそった個人主義的な立憲主義による日本国憲法の解釈論である。これに対して「国家が自分自身を守る」といった超憲法典的な第二の論理は、全く別の正当化方法である。ドイツ／フランス流の国家法人説および国民主権論を基礎にして「憲法の条規を超えた『不文の憲法原理』」を中心に置く憲法論だと言ってよい。

第二節　ドイツ国法学と日本の憲法学、そして内閣法制局

内閣法制局の推論は、国際政治学で用いられる概念を援用すると、「国内的類推」の危険性に対してあまりにも無頓着である。国内社会における自然人と、国際社会における国家とを、類似関係に置いて国家の自然権などを説いていく思考回路は、国際政治学および国際法の分野では、「国内的類推（domestic analogy）」と呼ばれて、警戒すべき俗説とされるものだ(8)。自然人と国家は異なり、国内社会秩序と国際社会秩序とは異なる。国際社会における自衛権の行使は、依然として公権力の行使であり、私人の正当防衛とは異なる。国際法の分野

でも、京都大学教授・田岡良一が「国際法上の自衛権」を論じた際に、指摘した点だ。「国内法上の自衛権の概念を模して国際法上の自衛権を説」いていると田岡が描写したのは、東大法学部で国際法を講義した立作太郎や横田喜三郎らであった[9]。

国際法においても、国家を正面から擬人化する論調が通説だというわけではない[10]。国家が自然権的に自衛権を持っているという思考は、ドイツ国法学に特徴的だ。日本の憲法学の戦前から続く伝統の部分である。従来の内閣法制局が依拠していたのは、「国家法人説」の擬人国家観に依拠した「国内的類推」の発想であった恐れがある。

伊藤博文がプロイセンにおいて憲法を学び、大日本帝国憲法の起草に取り入れたときから、日本の憲法学とドイツ国法学との関係は密接であったと言える。一八八六年に東京大学が帝国大学に改組された際に「国法学」を担当するようになった末岡精一、一八八九年に憲法学を担当することになった穂積八束、末岡から国法学の講座を引き継いだ一木喜徳郎らは皆、ドイツ留学直後に教壇に立った者たちであった。当時の東大法学部は、「ドイツ法学の独壇場の観」があった[11]。内務省勤務時代にドイツなどに留学した美濃部達吉は、一九〇〇年に助教授として大学に戻った。美濃部が標榜したドイツ国法学に依拠した国家法人説は、最先端の憲法理論として二〇世紀初頭の日本で絶大な権威を誇った。天皇機関説事件が勃発し、美濃部の理論が禁止されるのは、美濃部が定年退職した後の一九三五年になってからである。

なお本書の問題関心から特筆しなければならない重要事実は、戦後の重要期に内閣法制局長官を務めた人物たちは皆、美濃部が憲法学を講義していた時期に東大法学部に在籍していた者たちであったことである。憲法制定にも深く関わり主に吉田茂首相の下で一九四七年～五四年に七年間にわたり法制局長官を務めた佐藤達夫、鳩山・岸・池田首相に仕えて五四年～六四年と約一〇年間にわたり長官を務めた林修三、佐藤首相の下で六四年～七二年と約八年間にわたり長官であった高辻正己は、わずか三人で実に二五年の長きにわたって内閣法制局長官の座を独占した者たちであるが、佐藤が一九二八年東大法学部卒、林が三二年卒、高辻が三五年卒と、いずれも美濃部の全盛期に東大法学部に在籍していた[12]。美濃部の学術的立場と、伝統的な内閣法制局の見解に連動性を見出そうとすることも、あながち的外れとは言えないはずである[13]。

ドイツ国法学は、国家法人説にもとづき、国家それ自体の権能の精緻化に重きを置く流れである。一九世紀以前には、主権をはじめとする国家的な権能は国王などの自然人に依拠した法観念が強かった。しかし国家を一つの巨大な法人と見立てる法理論は、ナショナリズム思想運動の嵐と、ドイツの国力充実を背景にして、一九世紀末には最も先進的な議論として認識されるようになっていた[14]。

美濃部が、ドイツ国法学の雄と言えるイェリネックに強い影響を受けていたことはよく知られている。イェリネックは、国家の「法学的説明」としては、「権利主体として国家を把握すること」が最も妥当であると主張した。「このような集合的統一体は人間個人に劣らず権利主体としての能力をもつ」のであり、「この実体が法秩序が結びつけられる実在」として主張されるものであった[15]。美濃部の「天皇機関説」は、こうした「国家法人説」から論理的に導き出される「国体論」であった。美濃部によれば、国民、領土、統治組織の三要件から成る「国家」とは、「一ノ法人」であった。「法人トハ法律上ノ人格ヲ有スル国体ノ意ニシテ、或ハ之ヲ国体人ト謂フコトヲ得、多数ノ人類ノ結合ヨリ成リ而モ其ノ全体ヲ以テ単一ナル人格者タルモノナリ」であった。このような意味での国家は、「最高ナル地域的統治国体」だとされた[16]。天皇が神聖にして不可侵な存在だとしても、国家という巨大な法人の一部であることに変わりはないということであった。

イェリネックによれば、自衛権とは、この「権利主体としての国家」の「基本権」であった。「総体とその成員の保護、それに加えて、外的侵害に対する自己の領土の防衛は、もっぱら国家に属する。この活動と、これに対応する目的は、国家には、そのもっとも未発達の形態においてすら決して欠けることはなかった」[17]。国家法人説においては、国家とは独自の権能を持つ独立した法人格を持つ存在であり、それは国内社会における自然人と同じである。換言すれば、イェリネックらドイツ国法学の影響が強まれば強まるほど、自衛権を国家の基本権とみなす傾向が強まることになる。そして憲法学者たちが、自衛権は、「伝統的に国家固有の権利」であり、「自然法上の自己保存権として説かれ」てきたと説明するようになる。[18]

美濃部と並んで重要なのは、東京帝国大学法学部で一九〇四年以来三〇年にわたって国際法講座教授を務めた立（たち）作太郎である。偶然にも立が退官したのも美濃部と同じ一九三四年であった。つまり憲法学講座と国際法学講座の両雄の学術的権威の絶頂は、終戦直後から実に二五年にわたって内閣法制局長官の座を独占した三名が東大法学部に在籍していた時期と完全に重なりあう。

立の主著『平時国際公法』における国家の定義は、ほぼ美濃部の国家の定義と同じである。立によれば、「国際法上に於て国家（State）とは、一定の領土及一定の人民を包含する政治団体を基底とし、該政治団体の内部に於て統治組織を備えて主権（Sovereignty）を行ふ所の統治主体」のことであり、「国際法上に於ては、国家（ステート）は、上述の如き具体的なる政治団体即ち国（カントリー）を基底とし、統治組織を備えて存立する抽象的なる統治主体」である。[19] 立は、このように定義される「国家」が持つ「基本的権利義務」について論じた。立によれば、「国際法規上、……当然に国際法の主体たる国家の法人格に随伴し、他の権利義務関係の基礎となるべき権利義務を以て、国家の基本的権利」と称し、「国際法上の人格権と称する」こともできるとした。その「国家の基本的権利」の一つは、「自衛権及緊急状態行為」であった。[20]「危害が急迫なる緊急の場合に於て、危害を去るに必要なる行為を行ひ、危害に関して責任ある者に対して自衛上必要なる処置を行ふは、権利行為として之を認めねばならぬ。是れ狭義の自衛権又は正当防衛権（right of legitimate defence）である。[21]

当時は「国際法の主体たる国家の法人格に随伴」する「国家の基本的権利義務」を論じる姿勢が、ドイツ国法学における基本権の思想と相通ずるものであったのは、自然なことであった。そこで「自衛権」は、（憲法によって保障される必要のない）国家の「基本的権利」だとされていたのである。[22]

第三節　「抵抗の憲法学」と権力制限する主権者「国民」

こうしたドイツ国法学の根深い影響と、戦後の日本の憲法学との関係を考えることは、今日の集団的自衛権をめぐる議論を分析する際にも、大きな意味を持っていると思われる。前章で紹介した高見勝利教授は、二〇一四年七月一日閣議決定が「国家」と「国民」を表裏一体のものとして理解していると述べ、疑問を呈していた。閣議決定の背後に、「対外的独立性を以て語られる『国家』と当該国家の内部における権力行使の名宛たる『国民』、その権力行使に憲法上の歯止めを課す憲法一三条等の人権享有主体たる『国民』を『表裏一体のもの』とする理解そのものに疑問がある」と述べていた。高見教授が賛同しないのは、その

「理解の背後には、領土・国民・統治権からなる国家観もしくは国家法人説的な国家／国民観念が存するものと思われる」からだという。(23)

実際の七・一閣議決定では、「我が国」「政府」「国民」が使い分けられながら関係しあっているが、それは政府文書では普通の概念設定であるように見える。むしろ興味深いのは、美濃部達吉、宮沢俊義、芦部信喜という歴代の東大法学部憲法学教授陣の研究でも知られる高見教授が説明する「国家」観が、「統治権」などを構成要素とする非常に古めかしいものであることだ。実は日本の憲法学界では、戦前の大日本帝国憲法の時代から今日に至るまで、「国家の三要素」なるものの存在を通説として保持し、その一つを「統治権」とすることが、ほぼ常識として確立されてしまっている。(24)ところが、この「三要素」について憲法典を含めて法律上の根拠はない。憲法学者が自分たちで作り上げ、美濃部達吉以来、東大法学部第一憲法学講座の教授陣の面々が守りぬいてきた理論だ、ということ以上のものではない。

実定法として国家の成立要件を定めた根拠として参照されるのは、国際法の分野では一九三三年「モンテビデオ条約」である。そこには三つではなく、四つの要件が定められている。住民、領土、政府、そして他国と関係を持つ能力だ。ところが日本では、高校の教科書などから、堂々とモンテビデオ条約を脚注で参照しながら、「国家の三要素」が説明されていたりする。勝手に「政府」と「他国と関係を持つ能力」を合体させたうえで「主権」と言い換えて、四つを三つに作り替えてしまうのである。憲法学者が書いた憲法学の教科書に記載されている「統治権」なる概念は、さらにいっそう謎の権利である。日本国憲法には、「統治権」はおろか、「統治」という概念も登場しない。「統治権」なる概念の実在を信じる憲法学者は、大日本帝国憲法下の戦前からの憲法学の伝統を踏襲しているにすぎないのである。なぜそのような態度が普通になっているのだろうか。

高橋和之・東大名誉教授執筆の基本書『憲法』第一章は、絶対王政によって国家が確立されて「領域的支配権」が確立されて、「領土、国民、統治権（主権）」の三要素を持つ国家が生み出されるようになったのだ、と断言する。これらの要素が憲法典に記述がないのは、「憲法の前提ではあるが、憲法の中で確認するには必ずしも適さない」からだと注釈が施されている。根拠となる文献類は提示されない。[25]「国家の三要素」とは、いわば憲法学者だけが知る「社会学的意味での国家」の「歴史的成立」の物語の産物であり、[26]憲法学者だけが知る「憲法の条規を超えた『不文の憲法原理』」なのである。

高橋教授は、「国家」をヨーロッパ絶対王政と結びつけながら、「絶対君主の権力を制限する努力」の中から「立憲主義」が生まれたのだと説明する。そしてフランス革命期を中心としたヨーロッパ市民革命期の「人民主権」や「国民主権」の描写に進んでいく。この歴史観によると、「国家」はヨーロッパ絶対王政の産物であり、「憲法」はヨーロッパ市民革命の産物である。このような憲法学においては、立憲主義は戦時（危機の時代）に立ち現われ、平時では隠れている。立憲主義とは権力制限のことだと定義され、立憲主義はほとんど永遠の革命の追求とでも言うべきものとして描かれる。疑似革命の継続こそが立憲主義の本質だといわんばかりの市民革命への強い憧憬は、日本の憲法学の大きな特徴であろう。

だが立憲主義が本当に社会の基盤になっているのであれば、それは平時の社会秩序の仕組みに関する原理であるはずだ。革命は、あくまでも立憲主義の限界点における危機対応の非常手段であるはずだ。[27]少なくともジョン・ロックを源流とし、アメリカ独立宣言にも流れる英米流の立憲主義の伝統では、そうである。なぜ日本の憲法学者が描き出す立憲主義の歴史は欧米諸国の市民革命の話ばかりなのか？　革命が立憲主義の本質なのだとすれば、法秩序の維持を本質とする立憲主義の理解は間違いなのか？「国民」の「主権」が「統治権」を制限した後、統治権を一要素とする「国家の三要件」はどうなるのか？などといった平時の立憲主義に関する問いは、憲法学者の関心対象ではない。[28]ただとにかく国民が権力を制限していくことが立憲主義なのだ、と語られる。

戦時中の苦い経験を反動にした「『抵抗の憲法学』とも評される戦後日本の憲法学の特性」（石川健治・東大教授）[29]は、「革命」への憧憬に依拠しているため、「国家」との関係は錯綜している。憲法学は憲法典に書かれていない「国家」を求めている。絶対王政期から続く「統治権」を本質要素とする権力機構だと定義される「国家」を求めている。憲法学者が標榜する立憲主義が価値を持つのは、「国民」が「国家」を倒して憲法を作った後もなお、その「国家」を「制限」し続けるからである。

「国家」は、唐突に憲法学の基本書の冒頭に立ち現れる。制限されるために。「国家」は、「憲法の条規を超えた『不文の憲法原理』」にしたがって自衛権を与えられる。制限されるために。憲法学者が誰よりも強く、絶対君主の「国家」の原初的な存在を求めるのは、権力を制限することが立憲主義だと定義するからだ。日本の「抵抗の憲法学」においては、「国家」は憲法の制作物ではない。「国家」は憲法に先立って存在する絶対的なものでなければならない。なぜなら「国家」を制限するための勇敢な戦いを続けるのが憲法であり、その「抵抗」の契機がなければ、定義上、立憲主義は失われてしまうからである。

「自衛権」とは、日本国憲法には一切言及がない概念である。それは国際法における概念である。興味深いのは、その本来は国際法の概念である「自衛権」について、憲法学者が独自の理解を主張しがちなことである。たとえば石川健治・東京大学教授によれば、国連憲章における集団的自衛権は、政治的に「自衛権」の規定に「潜り込ませ」られたに過ぎず、「国際法上の自衛権概念の方が異物を抱えているのであって、それが日本国憲法に照らして炙りだされた、というだけ」とも述べ、憲法学者の自衛権の理解によって国際法の自衛権の理解を制限すべきことを示唆する。[30] 高見教授が、憲法における権力行使の客体であり、権利享有主体である「国民」と、その「国際法上の国家」を同一視することを警戒したのも、こうした理解があるためだろう。

「国民」は民衆蜂起して自ら直接的に自衛権を行使するのでなければ、国際法で認められた「国家の自衛権」を制限する役割を担わなければならない。そうでなければ立憲主義は失われてしまうのだから。憲法学者こそが、国家法人説を維持し、神秘的な統治権を行使する古めかしい絶対王政的な国家を求める。憲法の名において国家に抵抗し続けていくため、抵抗にふさわしい相手が必要だからである。「抵抗の憲法学」が、原初的な国家の存在を措定する「反近代的」な自民党憲法改正案に過敏に反応したのは当然であった[31]。

第四節　日本国憲法起草と「国民」の登場

このような「国家」と「憲法」の間の独特な関係が生まれた背景には、「国民主権」の登場の歴史がかかわっている。すでに序章で述べたように、そもそも日本国憲法が「国民」という包括性の高い存在が「主権」を持っていると宣言したため、国家法人説的な考え方が入り込む余地が生まれた。なぜだろうか。アメリカ人が起草したとされる日本国憲法が、なぜドイツ／フランス的な国民主権の概念を柱として持っているのだろうか。この「国民主権」の謎は、さらに戦後に発生した事情として、特筆すべき重要性を持つ。

「国政は、国民の厳粛な信託によるものであつて、その権威は国民に由来し、その権力は国民の代表者がこれを行使し、その福利は国民がこれを享受する」という「人類普遍の原理」とされた憲法前文の文言は、英文でGHQ案として日本政府に示された段階では、すべて「people」をめぐる文章であった。アメリカ式に「人民（people）の人民による人民のための政治」と訳されるべきものだったのである。「人類普遍の原理」と宣言されたにもかかわらず、日本では主体がいち早く「人民」から「国民」に変わってしまっていた。もちろん樋口・東大名誉教授や小林・東大名誉教授らとともに、『日本国憲法における『国民主権』の観念も、フランス憲法史における peuple 主権に相当すると考えられる」として、[32] つまり意味は同じだ、と主張することもできるだろう。[33] だが厳密には、「市民の総体としての『人民』と区別される観念的抽象的存在」が「国民」だ。[34] 意味が同じなら、「人類普遍の原理」を表現するのに、なぜ違う言葉をわざと使うのか？

実際のところ、新憲法案が提示されたとき、「国民」に天皇が含まれるかどうかで大論争があった。[35] 枢密院で憲法案が審議される際、鈴木貫太郎議長は、ポツダム宣言受諾の際の懸念にもかかわらず国体が護持されることになって満足する、と発言したという。[36] 吉田茂内閣時の憲法担当国務大臣・金森徳次郎大臣の一連の発言、つまり主権は天皇を含む国民全体にあり、主権は従来から国民全体にあって新憲法でも変化はなく国民の心の奥深くにある国体は変化していない、といった言説に対して、学者たちは反発した。[37] だがもし主権者が「人民」であったら、金森発言はありえなかっただろう。結果的には、「国民主権」を擁護した憲法学者たちが、政策意図を隠す役割を担ってしまったとも言える。[38]

大日本帝国憲法では「臣民」の概念が「subject」の意で用いられていたので、「people」が何であるのかは、終戦直後の日本政府の担当者の理解に委ねられた。「憲法問題調査委員会（いわゆる松本委員会）」も一九四六年二月にマッカーサー草案が提示されるまでは、宮沢俊義が起草した憲法草案で、「臣民」の語を用いていた。しかし結局「people」が「人民」ではなく、「国民」と訳さることになったのは、天皇制への配慮と、左翼的な響きの強い「人民」への嫌悪からであろう。政党作成の憲法草案では、保守系の日本自由党が天皇を統治権の総覧者と定めつつ「国民の権利」も謳い、日本進歩党が「臣民」概念を維持し、日本社会党ですら「主権は国家（天皇を含む国民協同体）に在り」と定めていたのに対して、天皇制打倒を掲げる日本共産党だけが「主権は人民にある」としていた[39]。

人民主権または国民主権は、ポツダム宣言等に見られない概念であったが、それはアメリカが主権についての規定を持たない憲法を持つ国であったことが大きい。日本では東大法学部の樋口陽一や芦部信喜によって、フランス革命思想の研究を基盤に日本国憲法の「国民主権」を理解する伝統が根強い。そこで欠落するのが、アメリカにおける「people」の伝統の理解である。人民主権などについて言及せず論じてもいないジョン・ロックの思想やアメリカ独立宣言を、強引に人民主権の理論として分類した上で、結局、「ロックの主権論は不徹底」などと評してしまうのが[40]、日本の憲法学の特徴である[41]。本来は、フランス流の「国民」（議会主権）とも「人民」（直接民主制志向）とも異なり、むしろイギリス名誉革命期のジョン・ロックの社会契約論によって最も簡明に表現された「人民（people）」の理念を反映しているのが、アメリカにおける人民（people）の理念であるはずだ。

アングロ＝サクソンの立憲主義は、チェック・アンド・バランスの国家構成原理に還元され、「天に訴える」ものとしての抵抗権によって担保されるが、それを「人民主権論」として正面から論じることはしない。ロックの議論は、政府（「通常権力（ordinary power）」）と人民（「制憲権力（constitutive power）」）の二重の最高権力（supreme power）」の議論である。[42]どちらか一方が真の主権者ということではなく、複数の最高権力を機能で分けた上で、意識的に調和させ、作り出したのがロック以来の政治思想史上の「立憲主義」の伝統だ。それはイギリス立憲主義の「混合王政」やアメリカ立憲主義の「分割主権」などへと発展したものだ。今日の国際社会で「国際的な立憲主義」などが語られるときに理解の基盤とされるのは、このアングロ＝サクソン流の立憲主義である。[43]それにもかかわらず、日本の憲法学者たちは、ロックの議論を無視してロックは「国民主権」論者だと決めつけながら、ロックの議論を無視して憲法体系から「抵抗権」を排斥したりしてきた。[44]ドイツでなければフランスという大陸法思想の影響が根深い日本の憲法学は、ロックの政治思想にもとづいた主権論＝GHQ案から、密かにロックの潮流のアングロ＝サクソンの立憲主義を取り除き、「国民主権」論の観点から解釈してきたのである。[45]

第五節　「八月革命」と「国民主権主義」

日本の憲法学における国民主権論を考える際に、重要な学説史上の事件として想起されるべきなのは、日本国憲法制定時に宮沢俊義によって展開された「八月革命」説であろう。「八月革命」とは、日本がポツダム宣言を受諾した際に、「天皇が神意にもとづいて日本を統治する」天皇制の「神権主義」から「国民主権主義」への転換という「根本建前」の変転としての「革命」が起こったという説である。[46] この「革命」があったからこそ、日本国憲法の樹立が可能になったという。

美濃部達吉を継いで東大法学部憲法第一講座教授に就任した宮沢は、戦時中は体制迎合的な言説を繰り返していた。[47] 実は戦後直後の一九四五年の段階でもなお、ポツダム宣言を考慮しても新憲法は必要ではない、大日本帝国憲法の適正運用で充分だ、という立場をとっていた。GHQに独自案の起草に踏み切らせた「松本委員会」の守旧的な改正憲法案を起草したのは宮沢であった。[48] ところがGHQが憲法改正草案要綱を作るに至り、宮沢は「国民主権主義」を正当化して新しい憲法を擁護する立場に舵を切ったのである。その宮沢自身が、貴族院の委員会で、「憲法全体が自発的に出来てゐるものではない。……多少とも自主性をもってやつたという自己欺瞞にすぎない」と自嘲気味の発言をしていた。時に「転向」とも描写される宮沢の戦後の護憲論者としての活躍に至る軌跡は、多くの人々の関心の対象となってきた。[49]

江藤淳は、四六年五月以前の宮沢の立場の変化とマッカーサー案の作成時期を各種資料で丹念に追い、宮沢が遂に恩師美濃部や自らの言説まで捨て去って「八月革命」を語り始めたのは、GHQ憲法案を見せられた上でそれにあわせて立場を変更しようとしたからに間違いないと断定し、「東京帝国大学法学部憲法学教授には占領軍当局から相当な働きかけがあったのだろう」とまで推察した。そして八月革命説は、「表明上ポツダム宣言第十二項の新解釈に依拠しているように見せかけながら、その実……（アメリカの）『初期対日方針』の合理化を試みようとした」「手品のような学説」にほかならないと述べた。[50]

ポツダム宣言受諾の時点で、「神権主義的な天皇主権」から「国民主権主義」への「革命」が起こったという宮沢の「八月革命」説については、現実と乖離しているという批判が発表直後から多かった。[51] しかし宮沢は、「法律学的意味で革命」が起こったという説明が、日本国憲法成立の法理のために必要だと主張し続けた。[52] 実際、宮沢の憲法の概説書は、ポツダム宣言によって「日本の政治は……国民主権がその建前とされることとなった」とするだけで、「国民」が「革命」を起こしたかのような表現は使わなかった。[53] しょせんは「根本建前」の説明上の話なのであった。しかし宮沢の弟子筋の憲法学者の間では、「八月革命」説は非常に強く支持されてきた。旧憲法から日本国憲法への改正は不法であって無効だと言えると示唆した大石義雄・京都大学教授を退けて、宮沢を師とする芦部信喜は、『憲法制定権力』所収論文の中で、「八月革命」説を擁護した。[54] 佐藤幸治・京大教授の広範な「八月革命説」批判を退けて、高見教授が執筆する共著『憲法』第二章も、「八月革命」を擁護した。「憲法成立の事実経過の説明とみるならば、難点がないわけではない」が、「成立の法理を説くものとしては妥当」なのであった。[55]

現実には、日本国憲法は、大日本帝国憲法七三条の改正手続きにそって制定された。当時の日本政府もＧＨＱも、改正手続きによって新しい憲法が生まれたという立場をとっていた。多くの国民は、憲法制定によって、国民が主権者となる原理が定められたことを知った。そもそも日本政府に対してなされたアメリカ政府からの「バーンズ回答」では、ポツダム宣言受諾後には「国家を統治する天皇と政府の権威は、連合軍最高司令官に服する（subject to）」ことになるとされていた。そして、「日本の最終的な政治形態は、日本人民（the Japanese people）の自由に表現された意思によって確立される」とされた。どこにも国民主権という原理は明示されなかったし、天皇は国民ではなく連合軍最高司令官に服することになったにすぎなかった。つまり現実の「事実経過」は、「八月革命」と呼びうるような事態とは食い違っていた。ポツダム宣言およびバーンズ回答では、無条件降伏した日本に対し、占領軍の連合国最高司令官が、国民の自由意志にしたがった政体を決めていく、ということが述べられているにすぎなかった。

宮沢の師である美濃部は、異なる態度をとっていた。そもそも宮沢が「八月革命」説を公にした『世界文化』一九四六年五月号は、美濃部の論文を同時掲載していた。その論文において美濃部は、憲法改正案が「国民の意思と関係なく専ら政府の手に依って作成せられたものである以上は、自由に表明せられた国民の意思に依って之を決定したものとは謂い得ない」と喝破し、まずポツダム宣言にのっとった憲法改正を行うための大日本帝国憲法七三条の改正から始めるべきだと主張していた[56]。実際に美濃部は、顧問官を務めていた枢密院で、新憲法案が採決された際、ただ一人反対票を投じた。理由はポツダム宣言に違反した「自由に表明せられた国民の意思」の欠如であった[57]。

後に美濃部は新憲法成立を、憲法違反の革命的行為と表現したが、そのニュアンスは宮沢とは異なっていた。美濃部は、逝去した一九四八年に出した『新憲法の基本原理』において、ポツダム宣言受諾が「憲法をも超越した絶対の拘束力」を発揮し、国民に「新憲法制定の権力を与へた」のは、「憲法違反の革命的行為で、戦敗国として戦勝国の要求に応ずる為」であったと解説した[58]。そして美濃部によれば、国民が革命的行為を行いえたのは、そのための権力を「与えられた」からであり、それを「与えた」のはポツダム宣言に関与した者たちであった。ちなみに美濃部によれば、日本国憲法についても、複数世代の国民が主権者とされており、国家という法律上の人格が主権の主体であり、「国民は国家の機関として国家の権利を行使する」[59]。美濃部は、本来は法律用語ではない「国体」という語の普通の「精神的倫理的意義」で言えば、「我が新憲法は世襲的の君主としての天皇の制は従来と同じく之を支持して居るので、……我が国体を変革したものではない」とも述べていた[60]。

宮沢及び彼の弟子たちが標榜する「八月革命」という物語の特徴は何だろうか。表面的にはそれは単に「憲法改正限界説」を守るための理論であった。憲法は自らの全面改正を許すことはないので、それは革命をへて初めて可能となった、という説明である[61]。しかしより重要なのは、「八月革命」説の政治的な含意である。「八月革命」説は、実際の憲法制定権力者としてのアメリカの存在を消し去ることに成功した[62]。これによって、アメリカによって作られた日本国憲法は無効だ、という議論に対抗し、日本の憲法学を自律的なものと考えることが可能になった。それどころか日米安保条約のような事実上の国家体制の一部となっているアメリカの影を、あくまでも憲法制定後の後付けの付属物として扱うことを可能にした。

宮沢は、一九四六年の「八月革命」論文を、檄文のようなもので結んでいた。宮沢は、憲法改正案が発表された後、『タイム』誌が「We the Minics（ママ）（我ら模倣者は）」という題名の記事で、日本人の模倣的頭脳がアメリカ式憲法草案を生んだ、と揶揄したことへの憤りを表明した。そして「政府案が国民主権主義を採用したのは決して単なるアメリカの模倣ではない」と断言した。他方で、憲法草案の表現や規定に「模倣と評せられ得るものがきはめて多い」ことについては「十分再検討」すべきだと主張した。そして「冷笑され」ないように、「政府案の審議にあたる議員諸公」に「真に自主的な民主憲法を確立させるためには遺漏なきを期してもらいたい」という一文で、論文を締めくくっていた[63]。

松本委員会の委員であった宮沢が、議員への責任転嫁のような要請をするのは奇異ではあるが、この一文こそが「八月革命」説の政治的意図の全てであることは、明らかだろう。「八月革命」という奇妙な学説は、日本国憲法がアメリカ人によって起草されたこと、つまり日本国憲法がアメリカの憲法・政治思想を模したものであることを隠すための論理を提供するものだった。「八月革命」とは日本国民が自らの意思で自らの手によって作ったものだ（決してアメリカ人がアメリカの憲法を押し付けたものではない）、という物語を確立するために必要な措置だった。そうでなかったら、数十年にわたって宮沢を含む憲法学者たちが憲法典を知的作業の拠り所とすることができるだろうか？　言うまでもなく、この「八月革命」物語の政治的動機こそが、今日にまで至る七〇年以上もの間、日本の憲法学者が日米安保体制の問題と決して折り合いをつけることができない状態に陥った事情を、如実に説明する。

ところで宮沢は、憲法改正草案要綱が公表された一九四六年三月六日の翌日の『毎日新聞』に寄せたコメントにおいて、「徹底せる人民主権主義を基礎とするもの」と評した上で、それはポツダム宣言受諾時の「一つの憲法的革命が行はれ人民主権主義がわが国で承認せられた」ことによると述べていた。ところが「八月革命説」を世に広めた『世界文化』一九四六年五月号に寄稿した「八月革命と国民主権主義」においては、すでに「人民主権」の概念を破棄し、「国民主権主義」の概念を用い始めていた[64]。もちろんこの変遷の理由は外在的なものであり、宮沢は憲法改正草案の文言に概念設定を合わせただけに過ぎないのだろう。しかし理由は何であれ、変更は行われた。今や真の主権の主体である「国民」は、国家法人説にも通じる「国家」の中に包含され、「統治組織」としての「三要素」の「国家」は、宮沢の「科学的な憲法学」の中にも密かに残存した。(65) そしてアメリカの顔も思想も、憲法学者の視野から退いた。

安保法制をめぐる喧騒の中、二〇一四年の論考で、樋口陽一・東大名誉教授は、全ての権力を制限する「立憲主義」と、憲法を創る力を持つ国民を万能と考える「憲法制定権力」は、「対抗の関係に立つ」と述べた。そして立憲主義の重要性に対する「議員の勉強・不勉強」を指摘した。樋口は、「立憲政治は責任政治」と述べた美濃部達吉の時代に重要だった「立憲」が「忘れられてきた」のは、あたかも国会議員の不勉強によるものだと示唆するのである。(66) しかし「国民主権」論による「立憲」の忘却を用意したのは、むしろ憲法学者たちだったのではないか？　「転向」を糾弾されるほどにまで劇的に「八月革命」説を唱えて国民主権主義者として戦後の憲法学会を主導した宮沢俊義、そして「憲法制定権力」にこだわり続けた宮沢の弟子たちによって、意図的に成し遂げられたのが「主権者である国民が権力を制限することが立憲主義である」というテーゼだったのではなかったか？(67) 戦後の憲法学における国民主権を通じた市民革命や憲法制定権力への強い執着は、宮沢の「八月革命」説という「出生の秘密」に対する不安の表れだったのではないか？

第六節 「ケルゼンとシュミットの野合」としての日本の国家体制

この事情を如実に示すのは、ウィーンでケルゼンに師事した後、京城帝国大学で活躍し、東大に移ってきた法哲学者・尾高朝雄との間で、一九四七年から四九年にかけて宮沢が行った有名な論争である。実は日本の憲法学者は、この論争について「宮沢説の完勝」といった観点でのみ振り返る。[68]「出生の秘密」である「八月革命」説を、憲法学において否定できない事実として確立するために宮沢の「勝利」が必要だった。

「ノモスの主権」で知られる尾高は、国体の変革があったことを認めながら、それは「政治上もしくは国民感情上の観点から」重大事件であるので、「国民主権主義と天皇制との調和点」を模索すべきだと考えた。[69] 尾高は「天皇統治」と「国民主権主義」の調和点を「一切の政治動向を制約すべき客観的な正しさ」の観念に見出そうとした。[70] そこで尾高は、ノモスの主権という抽象的理念も導入した。ノモスとは「政治の矩」であり、「政治の方向を最終的に決定するものを主権というならば、主権はノモスに存しなければならない」。尾高によれば、宮沢は「国家をば統治権の主体と見ている」が、「統治権と主権とは、言葉が違う」。「一方が主権であるならば、他方は主権ではない……。最終的もしくは最高的なものが二つ以上あるというのは、おかしなことである」[71]。そこで尾高は述べる。「私の主張を……直接にいうならば、それは、主権否定論であり、主権抹殺論である」[72]。

これに対して宮沢は、ノモスの主権が存在しているとしても、それは天皇主権／国民主権の概念に何ら影響を与えないと強調した。主権には二つの意味があるのだと宮沢は強調した。国家全体の次元での対外的独立性の意味での主権と、国内における最高権威としての主権である。前者の主権の存在を認めることは、後者の主権の存在を否定することにはならない[73]。興味深いのは、必ず国内に人間の主権者が存在していなければならない、という議論を展開した宮沢の「徹底的な勝利」を、戦後の日本の憲法学者たちが「通説化」したことである。主権否定論を示唆した尾高は、「主権を回避している」という理由で、敗者とされた[74]。

宮沢と尾高の間の論争は、「八月革命」説に象徴される宮沢の憲法学の特徴を明らかにする。宮沢にとって、主権とは憲法制定権力のことだが、これは誰であれ国内のいずれかの人間によって保持されなければならなかった。宮沢によれば、国家法人説の受容は、国内において人間の主権者が存在しなければならないという事情に、全く変更を与えず、単に併存するものであった。主権者がいない法体系はありえない。もし見つからなければ、「例外状態」での「決断」を待っているだけである。尾高を激しく攻撃した宮沢は、まさにケルゼンを批判したシュミットのように思考していた。

実は尾高の議論は、今日であれば「国際的な法の支配」とでも呼ぶべき立場を擁護するものであった。たとえば尾高の一九四八年の著書『法の窮極に在るもの』は、ケルゼンの「規範主義」とシュミットの「決定主義」の対決を大きな軸にして、「法と政治の関係の問題」について探求するものであった。尾高は、「シュミットのいふ通り、憲法制定権力の作用は政治的な決定である」と喝破し、「法に対する政治の優位」を認めた(75)。しかし尾高はさらに論を進め、「政治の更に窮極には『政治の矩としての法』の存することが認められねばならぬ」と論じ、そこから「国際法の窮極に在るもの」としての「国際法を破ることなくして国際法を作らうとする力」が作り出す「新たな国際法秩序」を構想しようとした(76)。

結局、正面からシュミットに対決を挑んで、宮沢の弟子たちに「敗者」の烙印を押されたのが「国際秩序」を志向した尾高だったとすれば、いわば裏口からシュミットを招き入れて利用することによって「勝者」として憲法学者の間で君臨したのが宮沢であった。石川健治・東大教授によれば、宮沢は戦前にケルゼンの影響を強く受けていた。しかし宮沢の「国民主権主義」へのこだわりは、実際にはカール・シュミットを意識したものであった。石川教授の言葉を用いれば、シュミットの「憲法制定権力論」(＝つまり「例外状態」における主権者の「決断」)によって「八月革命」を説明し、日本国憲法を説明するという態度は、ケルゼンからシュミットへの宮沢の「翻心」によって初めて可能となった。石川教授によれば、宮沢は、「(尾高との)論争を、宮沢優勢の外観で終わらせることに成功したが、『翻心』の代償は小さくなかった。いまや彼の八月革命説は、ケルゼンとシュミットの野合であり、理論的には不純である[77]」。

「亡命ユダヤ人」で「純粋法学」のケルゼンと「ナチス御用学者」で「決断主義」のシュミットは、政治的にも学説上も鋭く対立した両巨頭であった。その二人が、どのようにして「野合」などをすることができたというのか。「野合」というよりもむしろ、「シュミットの嫡出子」であるという戦後憲法学の「出生の秘密」が、「主権者である国民が権力を制限することが立憲主義だ」というテーゼを標榜する憲法学者たちによって、ひた隠しに隠されてきたという事実が、「八月革命」説の物語がわれわれに示すことなのではないだろうか[78]。

宮沢が、対外的な独立性を意味する「国家の主権」（ただしこれは「抹殺」されうる）とは別の次元で憲法制定権力としての「国民の主権」があると主張したとき、「二つの主権」は、尾高が「同一用語の二義使用」と呼んだ状態に陥った。宮沢は、それを認めた。宮沢は、「ケルゼンが抹殺しようとした（国際的な）主権」と、「尾高が抹殺しようとする（国内的な）主権」とは、「意味がちがう」と強調した。宮沢によれば、尾高が指摘する「同一用語の二義使用」は、「一般にひろく、行われている」。したがって尾高のように国際的な主権を残して国内的な主権を抹殺すべきではなく、「同一用語の二義使用」を認めていくべきだ、という立場をとったのである[79]。占領下の日本における議論であったこともあわせて考えれば、宮沢が主張したことは、国内的な主権を残して、国際的な主権を抹殺すべき、ということだった、つまり国民主権論と対米従属の併存だった、とも言える。

実際、宮沢は、二つの主権の片方だけ（国内的主権の所在の問題）の選択的な強調で、「八月革命」説を提示した。そして国際的な主権と、国内的な主権の間の整合性は問わず、単に両者を「同一用語の二義使用」として併存させる論理を残しながら、国際的な主権、つまり日本とアメリカの関係については、黙殺した。宮沢が「八月革命」説を唱えながら、主権という「同一用語の二義使用」の選択的使用で「ケルゼンとシュミットの野合」を、「シュミットの嫡出子」である戦後憲法学の主流の態度にしていったことは、日本の戦後思想において大きな出来事であった。

宮沢が主導した憲法学は、日米安保条約や自衛隊創設につながっていく戦後の日本の国家体制を作り出した「降伏」を、「国民主権主義の革命」と言い換えて正当化し、実態として「戦後の日本の国家体制」の確立に深く関わった。「ケルゼンとシュミットの野合」によって、「裏」側ではアメリカが行使したシュミット流の「憲法制定権力」の「革命」を見抜きながら、それを「表」側では「国民主権主義」の憲法の「法理」として装飾する役割を演じた。

憲法は誰が制定したのか？という伝統的な問いは、自衛権は誰が行使するのか？という現代的な問いと直結している。その答えは、「表」側では「国民」である。「裏」側では「アメリカ（とともに）」または「日米安保体制」という「戦後の日本の国体」であろう。あるいは、「表」側では「個別的自衛権」だけが行使され、「裏」側では「集団的自衛権」も行使される、と言い換えても、事情はほとんど同じだ。今や日本という国家には、歴史的事情により、「ケルゼンとシュミットの野合」が存在し、国民（人民）と天皇の共生が存在し、九条の平和主義と日米同盟の安保体制が存在し、より一層包括的な国家体制を作り出している。

次章以降で見るように、集団的自衛権は、戦後の日本において一貫して存在していた問題であった。ただそれが「裏」の世界の話として、「表」に出ないような「線引き」がなされていただけである。たしかに、安保法制は、伝統的な「表」と「裏」の「線引き」を作り替えて、「裏」の世界を少し「表」に食い込ませる効果を持つだろう。しかしそのことは、「八月革命」説が成し遂げたことと比べれば、いまだ微調整作業であると言わざるを得ないのではないか。

第二章

憲法九条は絶対平和主義なのか？

——一九五一年単独講和と集団的自衛の模索

本章では、日本国憲法が、集団安全保障の仕組みを前提として成立したものであり、その機能不全の場合には、代替策としての集団的自衛権を求めるものであったことを観察する。その上で、一九五一年サンフランシスコ講和条約・日米安全保障条約締結によって作られた戦後日本の国家体制について検討を行い、当時の法学者たちによる議論の様子などについても歴史的な観点から概観していく。

第一節　憲法九条は絶対平和主義と言えるか

日本国憲法の平和主義の理念は、九条によって表現されている。伝統的な理解では、戦争放棄と戦力不保持を謳う憲法九条は、絶対平和主義を表現している。だからこそ日米安保体制や自衛隊の存在は、九条に対する挑戦だと考えられてきた。それは正しい理解だろうか。

国連憲章もまた二条四項において、武力行使を禁止する条項を持っている。その点では、日本国憲法と全く同じである。ただし国連憲章は、武力行使禁止の一般原則に対する例外を明示的に示している。国連憲章七章で規定されている集団安全保障と、憲章五一条の個別的・集団的自衛権だ。もし憲法九条が国連憲章を前提として成立したものであったとすれば、やはり武力行使禁止原則の例外規定も前提になっていたはずだ。そのことは憲法起草にかかわったGHQ関係者や芦田均ら日本人たちにも共有されていた[1]。

日本国憲法の前文は、「平和を愛する諸国民の公正と信義に信頼して、われらの安全と生存を保持しようと決意した」と謳っている。「平和を愛好する諸国民」という概念は、国連憲章が加盟国を指して用いている概念である。したがって憲法の前文は、「連合国＝国連を信頼して日本の安全と生存を保持することを決意した」ということを宣言している。そしてそれは、国連が定める武力行使禁止一般原則および集団安全保障や個別的・集団的自衛権の仕組みを信頼して、自分たちの安全と生存を維持する、ということを意味する。

たとえば一九五七年に憲法学者の清宮四郎（樋口陽一・東大名誉教授らが門下生）は、「この立言の背後には、おそらく、目前には国際連合による安全保障、遠い将来には世界連邦の構想があったであろう[2]」と述べた上で、憲法九条は自衛戦争も自衛のための戦力も禁止しているが、国連の下での「国際警察軍に参加することまでも禁ずる趣旨はない」とも主張した。ただ「現実からみると、直ちに制裁戦争に参加することは、二つの世界のいずれかの連合軍に加担することになって、やはり憲法の趣旨に背く[3]」とも述べた。

日本国憲法制定当時の時代背景を考えれば、国連に集う「平和を愛する諸国民」の集団安全保障体制を信頼して、自国の安全を図っていくという宣言は、それほど違和感のないものだっただろう。実際のところ、しばしば引用されるように、一九四六年七月九日の憲法制定議会において、吉田茂総理大臣は、国連「憲章に依り、又国際連合に日本が独立国として加入致しました場合に於ては、一応此の憲章に依つて保護せられるもの、斯う私は解釈して居ります」と答弁していた(4)。

もし集団安全保障体制が機能しているのであれば、第二次世界大戦後に武装解除された日本が、あえて新たに軍隊を持つ必要はない。真に国連に集う諸国を信頼するのであれば、むしろ集団安全保障の時代に入ったことを決定づけるように、率先して戦争放棄と戦力不保持を宣言することが望ましい。こうした考え方が、憲法九条の背景に存在していた。そもそも憲法九条一項の文言は、一九二八年不戦条約の文言の焼き直しであり、国際法の仕組みを前提にして作られている。憲法九条は、戦争放棄を宣言するにあたって、わざわざ「日本国民は、正義と秩序を基調とする国際平和を誠実に希求」することを確認している。

国連憲章につながる原則を表明していた、一九四一年八月一四日にアメリカのF・ローズヴェルト大統領とイギリスのW・チャーチル首相によって宣言された「大西洋憲章」は、第八番目の原則を、次のように表現していた。「陸、海又ハ空ノ軍備カ自国国境外ヘノ侵略ノ脅威ヲ与エ又ハ与ウルコトアルヘキ国ニ依リ引続キ使用セラルルトキハ将来ノ平和ハ維持セラルルコトヲ得サルカ故ニ……斯ル国ノ武装解除ハ不可欠ノモノナリ(5)」。ここで「武装解除は不可欠」な「脅威を与える国々」とは、国連憲章における「敵国」であり、つまり第二次世界大戦時の枢軸国である。日本は満州事変以降、米英諸国にとって、そのような国の一つとなっていた。したがって大西洋憲章の論理に従えば、日本国憲法九条とは、要するに「平和を愛好する諸国民」の「敵国」である日本の「武装解除」を定めたものにすぎない。

国連の集団安全保障体制が現実には機能しなかったことは、憲法九条にとっては深刻な事態であった。日本国憲法は、国際秩序への「信頼」を存立基盤としていたが、それは冷戦勃発の現実によって裏切られたのである。それでは早々と憲法九条は崩壊した、あるいは意味を変質させたのかと言えば、必ずしもそうではなかった。国連憲章を中心にした国際法が定める安全保障体制は、安全保障理事会に全てを委ねる集団安全保障だけではない。国連憲章起草の段階から、安全保障理事会に依拠した集団安全保障が円滑に機能しない事態は十分に想定された。そこで挿入されたのが、憲章五一条の個別的・集団的自衛権の規定であった。もし集団安全保障が機能しない場合には、国連憲章の仕組みにしたがって、憲章五一条に依拠していくのが、国連憲章の論理であり、国連憲章制定後の国際法の仕組みである。

第二節　集団的自衛権と憲法九条

「安全保障理事会が国際の平和及び安全の維持に必要な措置をとるまでの間、個別的又は集団的自衛の固有の権利」が行使できるという原則を示す国連憲章五一条は、集団安全保障の機能不全の場合に、補完的措置として、自衛権を行使することを容認する条項である。そのため五一条は、いわゆる個別的自衛権だけではなく、集団的自衛権も認めている。なぜなら「平和愛好国」である国連加盟国が、「国際の平和及び安全を維持するために力を合わせ」、集団的に行動することを容認するのでなければ、自衛権は机上の空論に終わるからである。国連憲章の骨格は集団安全保障体制にあるが、集団安全保障がなければ憲章それ自体もなくなるわけではない。

この国連憲章の考え方を受けて、日本が独立国として主権回復を果たす際のサンフランシスコ講和条約では、「連合国としては、日本国が主権国として国際連合憲章第五十一条に掲げる個別的又は集団的自衛の固有の権利を有すること及び日本国が集団的安全保障取極を自発的に締結することができることを承認する」という文言が挿入された。そして同時に締結された日米安全保障条約が前文において、日米「両国が国際連合憲章に定める個別的又は集団的自衛の固有の権利を有していることを確認」したことは、国連憲章の考え方を前提にして日本の主権回復を承認したサンフランシスコ講和条約を受けて、日米安全保障条約が存在していることを示していた。それらの三つをつないでいたのは、「集団的自衛権」を根拠にした「集団的安全保障取極」の概念であった。

憲章五一条の集団的自衛権を根拠にして設立された北大西洋条約機構（NATO）やワル

シャワ条約機構（WTO）を、集団安全保障体制を破壊するものだとして、否定的に捉える見方はいまだに根強い(6)。だが制度趣旨からいえば、集団安全保障がうまく機能しなかったので、代替措置として導入されたのがNATOやWTOである。実際のところ、NATOおよびWTOのそれぞれの機構内の同盟国同士の戦争は発生せず、両陣営の諸国の間の戦争もまた発生することはなかった。冷戦期を通じて、戦争は両陣営に制度的に属さない地域においてのみ発生した。結果から見れば、憲章五一条が期待したとおり、集団的自衛権は、地域的な集団安全保障としての代替的な秩序維持機能を発揮したと言える。確かに国連憲章の正統な集団安全保障の仕組みと比せば、歪な構造ではある。しかしそれでも五一条は、次善の策として実現可能な範囲の国際秩序の維持を促し、一定の成果をもたらしたのである。

日本国憲法は、まず集団安全保障を「信頼」する国家安全保障政策を模索した。しかしそれが非現実的であるならば、憲章五一条の論理に従って、個別的・集団的自衛権という代替措置によって補完する政策的余地も持っていたと考えられる。五一条の問題とは、地域機構に属さない日本にとっては、駐留米軍の法的性格の問題であり、日米安全保障条約の問題であった。マッカーサーは、「戦争をしかける国家主権を放棄することによって世界平和の礎に重大な貢献をした」と憲法九条を称賛した。しかしアメリカ政府関係者との協議においては、「外部侵略から日本の領土を防衛しようというならば、……まず空軍に依拠しなければならない」が、沖縄の要塞化がその条件を満たす、と強調していた。マッカーサーの考えによれば、沖縄を要塞化すれば、「日本の本土に軍隊を維持することなく、外部の侵略に対し日本の安全性を確保することができる」のだった。[7]

一九五二年にサンフランシスコ講和条約と日米安全保障条約が国会で審議された際に、日本社会党の水谷長三郎は、日本がアメリカの「保護国」化されたと述べ、政府の「対米依存主義」と「秘密外交」を糾弾したが、社会党としては「国連を現存する唯一の世界的平和機構としてこれを支持し」つつ、「世界の現状におきましては、各国の自由、独立と秩序維持の見地からいたしまして、国連憲章第五十一條の集団的自衛権と地域的安全保障制度を、憲法の許す範囲において是認する」と宣言していた。[8] 国会に参考人招致された国際法学者の大平善梧・一橋大学教授は、日本は集団的自衛権を持っていると明確に肯定し、日米安保条約は「集団的自衛の発動」だとする証言をおこなった。[9] 国会審議の過程では日米安保条約が集団的自衛の条約であることは自明視されていたし、「集団安全保障」の措置だとも説明されていた。[10] 自衛軍整備を主張する改進党議員が、「集団的自衛権の行使によつて」将来は「太平洋地域同盟」の構想にそった「集団安全保障機構」に参加するやり方について問題提起をし、社会党議員は「集団的自衛権の強化」が海外での戦争につながらないかを懸念し、法的にではなく政治的に反対していた。[11] 政府は架空の話には答えられないとしつつ、日米安保条約が「一種の集団安全保障条約」であることは明言していた。[12]

佐藤達夫・内閣法制局長官は、「問題は日本の憲法上許されておる自衛権というものの幅がきまりさえすれば、それに集団的という文字がつこうが、個別的という文字がつこうが、実体はかわらないことと思います」と述べ、「よその国と手をつないだからというために、日本の本来許されている自衛権というものは幅広く広がってしまうということはもちろんありません」と答弁した。自衛隊を海外派兵することも可能なのではないかという質問に対しては、佐藤長官は「私の一元的に考えております自衛権」によれば、満州事変のような海外派兵を自衛権で正当化することはできないが、「交戦権を持たずに一体どの程度にお役に立ち得るかどうかという実際問題」を度外視するのであれば、「海外公務員派遣と申し上げまして、お笑いになりますけれども、海外に対する公務員の派遣がその相手国に対してお役に立つ場合もあり得ると思います」と答弁した(13)。

第三節　国家体制の屋台骨としての日米安保

一九五一年九月八日に結ばれたサンフランシスコ講和条約によって、連合国による占領統治は終わり、翌年四月二八日に日本は主権国家としての独立を回復した。言うまでもなく、講和条約調印と同時に、日米安全保障条約が結ばれ、同時に発効となった。実態として、占領統治を終わりにするはずの自由主義陣営との間の講和条約と、アメリカ軍の日本駐留を定める日米安保条約とは、一つのセットであった。

丸山眞男を中心とする「平和問題談話会」が一九五〇年に講和問題に関して発表した「三たび平和について」は、あまりにも有名な単独講和批判の文書である。丸山ら懇談会に集った「知識人」たちは、自由主義陣営だけとの「相対峙する陣営の一方に全面的に身を投ずる」「単独講和」に抗し、「二つの世界からの中立」を唱えた[14]。当時、「全面講和」論者は、米ソ両陣営のどちらかに属することは「巻き込まれ」の危険性を高める、と批判した。

それに対して「単独講和」論者は、どちらの陣営とも安全保障政策を結ばず「力の空白」を作り出すことが日本に戦争を招き寄せる、と論じた。ヨーロッパでは憲章五一条を根拠にしたNATOが設立され、アジアやオセアニアでもアメリカとの間での安全保障条約が次々と結ばれていた中、日米安全保障条約の交渉当事者は、後者の見解にそったアメリカとの「集団的自衛」体制の構築に期待していた。

安保条約締結交渉の過程において外務省における責任者であった条約局長の職にあった西村熊雄によれば、交渉にあたって日本側が希望したのは、日米「両国は集団的自衛の関係に立つことを規定し、両国がこのような関係にあるから日本は合衆国軍隊の日本に駐留することに同意する」条約であった。つまり「日本は日本の防衛について日米両国間に集団的自衛の関係を設定し、この集団的自衛の関係があるから合衆国軍隊は日本に駐留するのであるとして、合衆国軍隊の駐留に法的根拠を与え、かつ、日本防衛の確実性を確保しようとした」

のであった。[15]

集団的自衛の関係の設定の提案を拒んだのは、アメリカ側であった。当時、アメリカは、NATOの成立に関して出された上院決議（一九四八年ヴァンデンバーグ決議）のために、アメリカに対して「継続的かつ効果的な自助及び相互援助」をなしうる国とのみ相互平等の防衛条約を結べるという拘束を持っていた。当時占領下にあって再軍備も進んでいなかった日本との相互平等な防衛条約は不可能であるという立場をアメリカ側は押し通した。結果として、実際の日米安全保障条約では、前文において「両国が国際連合憲章に定める個別的又は集団的自衛の固有の権利を有していることを確認」するにとどめ、相互の防衛義務については明文化しない方策がとられることになった。西村は、「日本の平和と安全を守ることについて日本とアメリカは国連憲章の原則に従ってたすけ合う関係にある」ことが条約面から姿を消してしまったことを嘆いた。日米安保条約の改定に期待しながら、西村は述べた。「（一九五一年の）安保条約は、暫定措置である。日本が『継続的で効果的な』援助ができるようになれば、日本の意図したような対等な、国連憲章の原則に従って運用される、より恒常的な安全保障取決めと交代すべき」だ。[16]

一九五一年当時の吉田内閣は、朝鮮戦争勃発を受けて高まった再軍備の要求を退けつつ、基地使用を求めるアメリカの意向を容認することによって、条約締結にこぎつけた。この交渉態度が適切なものであったのかどうかについては、外交史家の間でも多様な意見がある。[17]

もちろん当時の日本においては、「占領下の駐屯ではなく、平時の軍配備であるから、戦時とはちがって、日本の国内やその附近に全面的に駐屯するということは許されない。……アメリカの占領軍が、そのまま日本に駐留するのは、日米安全保障条約によるのであって、それは占領当時と同じ配備、全面的な配備であってはならない」といった声が当然強かった。[18]同志社大学の田畑忍は、憲法学から見ても、国民感情からしても、「如何なる形式に於てにせよ、外国軍の駐屯ないし駐留などを、その内容とする軍事協定の締結は、望ましからざること」だと強調した。[19]社会党議員の黒田寿男は、国会において、「実際上の安全保障条約ではなくて保護条約である条約のもとに日本人が生きてゆかなければならぬようになったときに、一体日本は主権国であるか、それとも非主権国でないとしましても半主権国家、少なくともこういうところに落されてゆくのではなかろうかという心配を私は持つのです」という質問を、吉田茂首相に投げかけた。[20]

吉田の「対米従属」路線を批判し、反吉田勢力を集めて一九五四年一二月に成立した鳩山一郎内閣は、自主外交路線を掲げた。ソ連との国交を回復するとともに、ひそかに日米安保条約にかわる西太平洋地域諸国による集団的自衛体制の構築を画策していた。日本の防衛力を増強させ、米軍を日本から撤退させる案であった。この鳩山内閣による「相互防衛条約」は、第二条で「武力攻撃に抵抗するための個別的及び集団的の自衛能力を維持し、かつ発展させる」と明記するものであった。[21]この条約案は、実際にアメリカのダレス国務長官に提示されたが、全く相手にされなかったという。当時のアメリカが集団的自衛権の体制に関心がなかったわけではなく、単に軍事基地を放棄するつもりがなかったのである。

第四節　日米安保条約と集団的自衛権

当初から日米安保条約は、憲法九条との間で整合性があるのか、合憲なのかどうかが、議論の対象となった。政府の対米追随路線に批判的な多くの日本人が、日米安保条約は、自衛隊と並んで、違憲なのではないかと考えていた。違憲のポイントの一つは、憲法九条が戦力不保持を宣していているにもかかわらず、米軍の駐留を認め続けることが憲法に合致しているか、ということであった。次にポイントとなるのは、日米安保条約は、日本がアメリカとともに戦争をすることを前提にしていないか、という疑念であった。この点の背後に、憲法九条と集団的自衛権の関係という原理的な問題が存在していることは、多くの論者が意識していた。当時は集団的自衛権の行使が自動的に憲法違反に直結するという観念はなかったが、憲法との関係が非常に複雑になる領域の問題であるという認識はあった。

東北大学で憲法を学んで岩手大学に奉職していた関文香は、主権回復直前に手書きの論考集として公刊された論文で、「憲法が自国の安全と生存を放棄する」わけではないので、集団安全保障が機能していない状況であれば、特定国との暫定的な安全保障措置をとることは認められると論じた。「日米安全保障条約は特定の一国であるアメリカ合衆国との条約である点に問題もあらうと思われるが、……憲章第五十一条に基く集団的自衛権により、平和愛好諸国民が公正妥当な安全保障であると認め締結せられるものであって、何等憲法と抵触するものではないと信ずる」[22]。

国学院大学の神谷龍男によれば、世界情勢の動向として、「アメリカ側もソヴィエト側も集団自衛への準備に努力を傾注している」。これは、「国連による統一的集団安全保障の原則線を離れて、例外的な各加盟国のグループによる集団安全保障」が進展している状況である。「今や世界をあげて集団自衛時代、所謂武装平和の時代を招来している」。そこで日米安保条約は、「個別又は集団自衛権が日本にあることを認め、日本は自発的にこの集団安全保障取極に加入できるとしたのである。そうすると日本が武力攻撃を受けた場合、もし国連が即座に有効必要な措置をとらないならば、国連がこの措置をとるまでの間、臨時的に個別あるいは集団自衛をすることができる」[23]。

東大法学部の国際法学者・横田喜三郎は、「自国の再軍備は違憲で避けなければならないので、……残るところは国際的保障しかない」と述べた。国際的保障の様々な方法の中で、「一国または数国との特別の協定によつて、援助を受ける約束をしておくのも、一つの方法」である。ただ単純な約束だけでは、急に攻撃や侵略が起つた場合に間に合わないおそれがあるので、「いくらかの軍隊をあらかじめ日本に駐在させておくことが、必要になる」。そして、「現在のように、二つの世界が対立し、侵略の危険が現実に存在する国際情勢の下で、日本自身の再軍備が適当でないとすれば、軍事協定はやむをえないもの、むしろ必要なものといわなくてはならない」。もっとも外国軍の駐留は、日本防衛を目的とした必要最小限のものであるべきだという。「日本と密接な連帯関係にある隣国に攻撃や侵略が加えられた」場合にも、「これを防止しなくてはならないことがある。ただ、この場合にも、隣国への攻撃や侵略によって、あきらかに日本の安全と独立がおびやかされる場合にかぎるべきである。つまり、いわゆる集団的自衛権の場合にかぎるべきである」[24]。

ところで「国際法学界の第一人者ともいうべき」横田が「安保条約合憲論を説いたことの影響力は大きく」、憲法学界においても同じ東大の宮沢俊義らが同調した[25]。横田は、終戦後の日本の法学界において、独特の存在感を持った人物であった。戦中には、満州事変は国際法違反だと公言し、軍部からの執拗な糾弾と生命の危機をくぐり抜けた[26]。終戦直後には、国際法学者でありながら、左翼系学者とともに新憲法を擁護する著述活動を精力的に行って、天皇制を批判し、東京裁判を肯定した[27]。しかし冷戦勃発後の時代になると、横田は日米安保条約を肯定し、砂川事件最高裁判決を支持した。そして岸信介によって最高裁長官に選定され、勲一等旭日桐花大綬章などを受章した。

横田の変節については議論がありうるが、端的に言えば、横田は常に一貫して親米主義者だった。冷戦勃発後すぐに横田は『安全保障の問題』を公刊し、満州事変を具体例に違法行為から生じた結果は決して認めなかったアメリカの「スティムソン主義」や、ドイツと交戦状態に入ったイギリスを中立国であったにもかかわらず支援したアメリカを正当化する「非交戦状態」論を提示し[28]、旗幟を鮮明にした。横田はいち早く一九四九年に「集団的自衛」に関する論考を著し、「集団的保障が十分に確立していない場合に、それを補うものとして、集団的自衛が必要になる」と説明し、「現在は集団的自衛の時代である」と強調して、日米安保条約正当化の基礎となる議論を提供した[29]。

横田（一九二四年東大法学部助教授就任）は、宮沢俊義（一九二五年東大法学部助教授就任）とほぼ同世代にあたり、美濃部達吉と同世代であった立作太郎の弟子であった。両大戦間期にイェリネックを批判して純粋法学を唱えた国際法学者ケルゼンに影響を受けた世代にあたる。横田は、「純粋法学」の立場から著述したと宣言した一九三三年公刊の講義テキストにおいて、「国際法は一つの法律団体としての国際法団体の法律秩序」であり、その「国際法の主体は国際法上の権利義務の主体」であり、「国際法上の人格者と同一である」が、これらは「専ら国際法に基く」ため、「一般に国家の基本的権利義務」が「国家に固有の先天的」なものであることは否定されなければならないと述べていた[30]。横田は、この立場から、「自存権、自衛権」についても、国家の「基本権」であることを否定した[31]。横田は、一九五五年に公刊した教科書でも、同じように述べていた[32]。自存権は、「国際法上でもはや一般に認められていない」。そして自衛権は、国連のもとで、「大きな制限と統制を受けることになる」と描写した。[33] 横田にとって、自衛権は「国際法上」の権利であり、日本国憲法はそれを否認・放棄していない。ただし憲法九条二項は戦力不保持を定めている。横田によれば、したがって戦力を用いた自衛権の行使は、日本は遂行できない。「武力なき自衛権」論である。ところがそこで横田はむしろ、「他の国の軍事援助を受けたり、軍事協定を結んでおいたりすること」であれば合憲であり、必要な措置だと説くのであった。[34]

横田の意見には、憲法学者たちからの批判が相次いだ。法政大学の鈴木義男は、日米安保条約を批判して、「わが憲法の精神は紛争解決の手段としては一切武力に訴えないことを宣言したのであって、自国の武力はこれを保持または行使しないが、他国の武力を代用として保持または行使するというならば、矛盾も甚だしい」と強調した。[35] 永世中立を「時代遅れ」と批判した横田を、恒藤恭は「独断的」と断じた。[36]

横田を「かつて自衛戦争すら否定しておきながらいまとなると自衛戦争を義務ずける軍事協定に賛成する背理・便乗の御用学者」と呼んで激しく非難したマルクス主義法学者の平野義太郎は、「日米安全保障条約は……再軍備とともに、ポツダム宣言などの国際法および憲法に違反するものではないか」と疑問を提示した。「日米安全保障条約は、集団的自衛の観念をつかい、主として米国の自衛なのであるけれども、従属的には日本の「自衛」をふくみ、かつ、この自衛戦争を予定し、基地提供というように国土を武装し、日本が『戦力を保持』するものであるから」、「集団的自衛であるにせよ、その目的が戦争を未然に防ぐ」ものであるにせよ、「必ず国際紛争の解決手段としての『自衛戦争』という戦争関係」に立ち入らざるを得ないため、「九条一項違反することは明らかである」[37]。

日米安保条約が締結された一九五〇年代には、まだ自衛の戦争を憲法が許しているかどうかが、大きな論争点であった。そのとき、「集団的自衛権」は、むしろ密かに自衛権の合憲性を作り出してしまう裏口のように扱われた。日本が単独で積極的に行使する自衛権こそが憲法論議の中心であった。

第五節　反共同盟としての日米安保体制

日米安保条約は、アメリカ側の視点から見れば、冷戦期のアメリカの反共戦略に、日本が基地提供という具体的な方法で協力することを定めた条約に他ならなかった。そして日本の側でも、政策当事者は、反共意識においては負けていなかった。共産主義の脅威を除去するには、米軍基地の存在は効果的であり、あるいは必要不可欠なものだという認識があったからこそ、吉田首相は安保条約を締結したのである。だからこそ安保条約第一条は、米軍を、「一又は二以上の外部の国による教唆又は干渉によって引き起こされた日本国における大規模の内乱及び騒擾を鎮圧するため日本国政府の明示の要請に応じて与えられる援助を含めて、……使用することができる」と定めていた。この「内乱条項」が物語るのは、冷戦期において日本の共産主義化を防ぐという点において、日米双方の政策当局者が利害を一致させていたということである。日米安保条約に付随して締結された「日米地位協定」によって、米軍施設に日本の行政機構は入ることができず、米軍管理空域を日本の航空機は飛行できず、日本の当局は米兵を処罰することができないことになった。しかしそれこそが「戦後日本の国体」の一部なのであった。「安保体制こそ戦後日本の新たな『国体』」と言われるのは[38]、共産主義の脅威に対抗するという関心を日米の政策当局者が共有していたからである。

安保法制に反対しながら、石川健治・東京大学教授は主張する。「九条が、同盟政策の否定によって成り立っていることは、明らかです」。そのため、「日米安保条約は、実質的に日米同盟と化してきたものの、集団的自衛権の行使を否定することで、かろうじて二国間の『安全保障』条約としての建前を維持してきました[39]」。つまり石川教授によれば、そもそも日米安保条約が、違憲の疑いが濃厚なものであった。かろうじて内閣法制局の狡知としての「集団的自衛権違憲」論が、日米安保条約それ自体が違憲になるのを防いでくれたというわけである。そこで石川教授は、集団的自衛権は違憲だと主張するにあたり、戦前に京城大学に赴任した経歴も持つ伝説の東京大学国際法学者・祖川武夫を研究したことが役に立っていると述べた[40]。「恩師樋口陽一」が「緊張関係」という言葉を口癖にしていたのは祖川の影響だった、と石川教授が推察しているのは興味深い。なお石川教授は、「京城学派」に関する論考を執筆したことがあり、憲法学者の清宮四郎と尾高朝雄を中心的に検討したが、祖川についても、石川は熱意を持ってふれていた[41]。

祖川は寡作であったが、日米安保条約については積極的な分析を加えていた。祖川はしばしば「きわどい弛緩」という概念を効果的に使ったことで参照される[42]。たとえば祖川は、他国の死活的利益（vital interest）の防衛にかかわる集団的自衛権のパターンについて、「自衛法益の仮象と言わないまでも、すくなくともそのきわどい弛緩が生じている」と論じていた。「集団的自衛には、国連憲章上は体系的整合性のほうが認められ、日本国憲法上は政府の自衛権解釈の線に沿いながら、個別的自衛として合憲性を認知する途がひらかれることになる。（二）そうして、集団的自衛条約の条項テキストやその適用にたいする「忠告」を通じて、それら諸条約の軍事同盟的性格の矯正が図られる。しかし、自衛法益のきわどい弛緩がある以上、それも諸条約の現実的機能を隠蔽する働きをもつ[43]」。つまり祖川によれば、「きわどい弛緩」によって達成された、自衛ではないものを自衛と呼ぶという試みは、「政策」論を「法益」論に作り替える。法的装いをつけるために、国連憲章にのっとった集団的自衛権が、日本国内では憲法に合致した個別的自衛権だと説明されるのは、実際には「軍事同盟」に過ぎない日米安保条約を、あたかも軍事同盟ではないかのように「矯正」したいからである。祖川によれば、「要するに、集団的自衛権は条約のレヴェルでは、いわば概念内容の顚倒を示すとともに、その同盟的機能を余すところなく露呈する」[44]。

祖川は、すでに一九五七年の「日米安全保障条約体制の特質」という論文において、「集団的自衛というものも、やはり、自衛の限度内における、協力・援助という意味での共同防衛のことである」と述べつつ、「この自衛の限度内ということが、現在のところ、確実に保証もされない。そのうえ国連憲章における地域的取極の概念の弛緩も加わって……集団的自衛の権利も、国連体制内における敵対軍事同盟結成の公認と奨励とにもっぱら役立っており、二国間または多数国間の軍事同盟条約が、おもいおもいのラベルのもとに、世界的戦略ラインにそって簇生する」と書いていた。日米安保条約は、「軍事的占領条約である」[45]。なぜなら「軍事同盟条約」であり、「不平等条約」であり、「干渉条約」でもあると描写される日米安保条約は、「アメリカの対ソ戦略にもとづく日本の前進基地としての規定から必然的にみちびかれているもの」だからである[46]。

シュミット研究を深めた祖川にとって、法的なものと政治的なものを種分けする作業は、重要なことだったのだろう。祖川は、条約を超えたところにある政治による法の「弛緩」、つまり「同盟」による「自衛」の「弛緩」を、徹底的に問題視しようとした。ただし、祖川は、決して集団的自衛権は虚偽の法概念だ、とか、集団的自衛権の要素が少しでもあったら日米安保条約は違憲になる、などと主張したわけではなかった。もし政治的要素が濃厚になると、その時点で法でなくなったり、違憲だということになったりするとしたら、政治と法とは一切並存してはならないという前提に立たなければならなくなる。

日米安保条約にもとづいて日米両国間に「同盟」関係があるということは、今日ではもはやタブーではない。「同盟国」という語を始めて使った日本の首相は、一九七九年の大平正芳であったと言われる。[47]ということは確かに、祖川が生きた時代には、「同盟」という語を使うことに躊躇があったということだろう。しかし今日では、「日米同盟」の存在は自明とみなされ、両国関係は広範に「同盟」関係だと表現されている。つまり現代では、祖川の時代の「きわどい弛緩」は、相当程度に消えてしまっており、しかもそのことが違憲だとも言われていない。「同盟」だから違憲だ、という主張は、歴史的な観点から理解しておくべきものである。

第六節　憲法学における「九月革命」の不在

本書は、日本の国家体制には、憲法九条と安保体制という二つの大きな柱があるとみなしている。特徴的なのは、両者の関係が、体系的に整理された形で正面から議論されないことだ。日本国憲法は占領軍が起草したが、安保条約よりも早く成立した。しかし結局アメリカ軍は憲法よりも長く日本に存在し続けている。憲法体制と安保体制の関係は、ほとんど循環論法的な関係にあるため、それぞれが相手側を取り込んだ形で完結した論理を成立させるのは至難の業だ。双方に、相手側を無視したいという欲求が高まらざるをえない。

本来であれば、日本国憲法においても、主権を回復した瞬間は、その存在のあり方に影響を与える大きな事件でありえたはずだ。しかし憲法学においては、サンフランシスコ講和条約や日米安保条約は、憲法成立後に起こったいくつかの政治的事件の一例としてしか扱われない。万が一、それらを否定する場合には、日本が主権回復したという事実自体が白紙に還元されるといった危惧は、憲法学では共有されない。憲法学にとってポツダム宣言受諾は「革命」だったが、サンフランシスコ講和条約はそのようなものではない。だがそれにもかかわらず、やはり憲法学において国家の自衛権を語り続けるということは、本当に可能なのだろうか。

かつて宮沢俊義は、尾高朝雄との論争を通じて、「同一用語の二義使用」、つまり国内的主権と対外的主権の両方を主権と呼ぶことを正当化した上で、自分（憲法学者）が焦点をあてて「八月革命」を論じたのは国内的主権についてであると主張した。だがそのとき、対外的主権、つまり国際社会における日本の主権の問題は、どこに行ったのだろうか？　確かに本来であれば、宮沢のような憲法学者であれば、対外的主権のことは考えなくてもいいはずだった。しかし実際には、憲法九条のために、憲法学者も対外的主権の問題である国家の自衛権について、その後も継続して語り続けたのである。

主権回復という対外的主権にとっては「八月革命」に匹敵する大事件が一九五一年九月に起こったとき、いわば「九月革命」とでも呼ぶべき大事件が起こったとき、ほとんどの憲法学者たちは、それは憲法学の枠外の出来事とみなした。しかし「九月革命」を無視したままで、引き続き憲法九条と自衛権の問題などを語り続けたのである。対外的主権がようやく回復した「九月革命」で語られた「個別的又は集団的自衛の固有の権利」及び「集団的安全保障取極」を憲法枠外の出来事として無視したうえで、ただひたすら憲法学における自衛権の概念なるものを主張し続けることは、本当に妥当な態度だったと言えるだろうか。

今や尾高が宮沢を批判するときに用いた「同一用語の二義使用」は、対内的主権と対外的主権の間の亀裂として、その矛盾を明らかにした。やがて前者は、後者が依拠している集団的自衛権の論理を否定することを求め始め、後者は現実を変えることは避けながら、言葉尻では前者に譲歩して集団的自衛権は使わないかのように振る舞っていくようになる。自らが回復するに至った根拠条約等では、集団的自衛権が重要原則として明記されているにもかかわらず、である。

「同一用語の二義使用」は、憲法学者によって、時には一方だけを論じ、時には一方が他方に優越していると論じるための道具となり、しかし体系的な一貫性は不明瞭な形で、未解決問題として残存し、日本の国家体制に深い影を落とすことになった。

第三章

日米安保は最低限の自衛なのか？

——一九六〇年安保改正と高度経済成長の成功体験

本章では、一九六〇年前後の時期に焦点をあて、特に砂川事件最高裁判決と日米安保条約改正をめぐる議論の様子を探りながら、それらが集団的自衛権の解釈に与えた影響を考察する。一九六〇年代に日本は高度経済成長を遂げ、西側世界第二位の経済力を誇るまでにいたる。激しい安保闘争の分断された世論の状況は次第に変化し、憲法九条と日米安保条約を同時に持つ日本の国家体制が受容され始め、集団的自衛権の行使は違憲だという解釈の基盤が作られ始める。

第一節　自衛隊の創設と「最低限の自衛力」の誕生

朝鮮戦争が勃発した直後の一九五〇年八月に、ＧＨＱの指示により、日本は「警察予備隊」を創設した。アメリカの日本駐留部隊が朝鮮半島に派遣されたため、力の空隙を埋めるために急きょ造られた事実上の軍事組織であった。一九五二年四月の日本の主権回復後に、警察予備隊は「保安隊」に改組され、一九五四年には防衛庁が発足し、今日にまで至る陸上・海上・航空自衛隊と、海上保安庁の体制に改組が行われた。警察予備隊は七万五〇〇〇人の規模であったが、一九五二年の保安隊発足の時点では一一万七五九〇人に拡大した。防衛庁が発足した一九五四年に自衛官数は一五万二一一五人であったが、自衛官数は一九五七年に二〇万人を超え、一九六〇年の新安保条約締結時には約二四万人を擁する大組織に急速に拡大していた。自衛官数はその後ほとんど変化がなく、ピークとなった冷戦終焉時の一九九〇年にも二七万四六五二人であり、約六〇年間二〇万人台の自衛官数で推移していることになる。つまり一九六〇年新安保条約締結の際にはすでに、半世紀以上にわたって続く防衛体制の構成がほぼ定まっていたことになる。

一九五〇年旧日米安保条約の前文には、アメリカ合衆国は、日本国が「直接及び間接の侵略に対する自国の防衛のため漸増的に自ら責任を負うことを期待する」という文言があったが[1]、一九六〇年新安保条約からは消えた。日本が主権回復した時期に約三〇万人の規模で駐留していた米軍は、自衛隊の拡大と歩調をあわせて縮小し、一九六〇年新安保条約締結の頃には五万人程度の規模になっていた。一九六〇年新安保条約の時期以降、自衛隊と在日米軍は、ほぼ定まった兵力バランスで、事実上一体の防衛力として、存在している。

自衛隊の創設は、憲法九条をめぐる論争において最も劇的なものであった。戦力不保持を定めた憲法九条二項のため、自衛隊が憲法に違反しているという批判が起こった。これに対しては当初の吉田内閣は、自衛隊が憲法が言う「戦力」には該当しない、という立場をとった。自衛隊が創設された一九五四年に吉田茂首相は、「戦力に至らざる軍隊といいますか、力を持つ、自衛軍を持つということは、国として当然のこと」と答弁し[2]、内閣統一見解として、「戦力とは、近代戦争遂行に役立つ程度の装備・編成を備えるもの」だという理解を示した。法制局長官・佐藤達夫は、「いざこざがあって、そうして向うのほうから攻め込んで来た場合、これを甘んじて受けなければならんということは、結局言い換えれば自衛権というものは放棄した形になるわけです。自衛権というものがあります以上は、自分の国の生存を守るだけの必要な対応手段は、これは勿論許される。即ちその場合は国際紛争解決の手段としての武力行使ではないんであって、国の生存そのものを守るための武力行使でありますから、それは当然自衛権の発動として許される」と主張した[3]。

こうした答弁の一カ月後の一九五四年六月二日、参議院は本会議で「自衛隊の海外出動を為さざることに関する決議」を全会一致で可決した。「本院は、自衛隊の創設に際し、現行憲法の条章と、わが国民の熾烈なる平和愛好精神に照し、海外出動はこれを行わないことを、茲に更めて確認する」[4]。右決議する」。自衛隊の発足にあたって確認された基本的な政策指針として、歴史的な重みを持つ決議であろう。ただし決議は「集団的自衛権」はもちろん「自衛権」についてもふれていない。自衛権と「海外出動」は、別の次元の問題だった。

一九五四年一二月一〇日の鳩山内閣（日本民主党）成立にともなって内閣法制局長官に就任した林修三は、一二月二一日にさっそく次のような答弁をした。「日本は固有の自衛権というものを独立国である以上放棄したものではない……。国家が自衛権を持っておる以上、国土が外部から侵害される場合に国の安全を守るためにその国土を保全する、そういうための実力を国家が持つということは当然のことでありまして、憲法がそういう意味の、今の自衛隊のごとき、国土保全を任務とし、しかもそのために必要な限度において持つところの自衛力というものを禁止しておるということは当然これは考えられない」[5]。さらに大村清一防衛庁長官は、「憲法第九条は、独立国としてわが国が自衛権をもつことを認めている。従って、自衛隊のような自衛のための任務を有し、かつその目的のため必要相当な範囲の実力部隊を設けることは何ら憲法に違反するものではない」と答弁した[6]。

一九五五年六月一六日、首相の鳩山一郎は、かつて自衛隊違憲論を掲げて憲法改正を唱えていたにもかかわらず、首相就任とともに自衛隊合憲論に転じたことについて、日本自由党の江崎真澄に質問された。そして次のように答弁した。「近代的の兵力、戦力というものでなければ持ってもいい、近代的の戦力を持つことは、やはり九条の禁止するところでありますというように、吉田君は唱えておったのであります。……私はそういうようには解釈いたしません。自衛のためならば、近代的な軍隊を持ってもいい」[7]。鳩山は、明確に吉田内閣時の政府見解を否定した。

しかしなお「自衛の目的に必要な自衛力」の内容について厳しく質問され、答弁が途切れる場面も発生し、社会党議員から「暫時休憩」をとって政府統一見解を求める動議が提出された。そこで二時間半の休憩がとられた後、あらためて行った答弁において、鳩山は「言葉が足りなくて誤解を招いた」ことを詫び、「その真意」を説明する答弁を行った。そこで鳩山は初めて「自衛のため必要最小限度の防衛力を持てる」という考え方を披露し、「決して近代的な兵力を無制限に持ち得ると申したのではありません」と弁解したのであった。自衛権の歴史において決定的に重要な答弁を、この日の午後、鳩山は行った。

私は戦力という言葉を、日本の場合はむしろ素朴に、侵略を防ぐために戦い得る力という意味に使っていまして、こういう戦力ならば自衛のため必要最小限度で持ち得ると言ったのであります。その意味において、自由党の見解と根本的に差はないものと考えております。独立国家としては主権あり、主権には自衛権は当然ついているものとの解釈に立って、政府は内外の情勢を勘案し、国力に相応した最小限の防衛力を整えたいと考えている。(8)

これに対して、質問者の江崎は、「だいぶ落ち着いた、はっきりした御答弁になりつつあるようでございます」と述べ、「必要最小限度の戦力を持てるというふうにだいぶん言葉が消極的になって参りました」と述べて評価をした。鳩山は率直にも、「憲法九条に対しての解釈は、先刻申し上げました通りに、私は意見を変えました」と述べたため、「意見を変えて自由党と同じになったのか」という野次まで入った。(9) そこで「自由党のあり方というものは、今日では肯定なさっておると見て差しつかえございませんですね」と念押しをする江崎議員に対して、鳩山は再度、「先刻申しましたことによって御了解を願いたい」と答えた。

その際、江崎議員が「結局今度は憲法第九条でいわゆる必要最小限という修飾語が入ったのでありますが」と述べていることからも、この一九五五年六月一六日のやり取りにおいて、「必要最小限」という概念が日本政府公式見解に入り込んだようである。[10]これは、自由党と民主党が「保守合同」する一九五五年一一月の五カ月前の質疑応答であった。

解釈を変えた後、鳩山は、しばしば林内閣法制局長官（鳩山内閣成立にあわせて佐藤を継いで長官に就任）に答弁を譲った。林は滔々と次のように述べた。吉田内閣時の政府見解とは異なり、鳩山首相は素朴な意味で戦力を解釈している。

しかし憲法九条一項、二項をあわせて読めば、自国を守るために必要な最低限度の自衛のための実力、そういうものを持つことを禁止するものとは考えられない。この点は大体前の、当時の解釈と同じことと思います。そういう意味でお答え申し上げたのでございまして、その限度の内容につきましてはそう大した差はないのではないか、結局戦力という言葉の使い方の問題である、そういうふうに先ほど総理大臣はお答えしたものとかように考えております。[11]

「大体」「大した」といった語を用いて、吉田と鳩山の相違を微細なものとして片付けようとする林の口調からは、以前の上司である佐藤達夫の答弁をふまえた内閣法制局としての一貫性を確保しようとする意図も感じられる。

もともと鳩山は、自主的な防衛能力の整備を目指した改憲論者であった。その立場から「吉田ドクトリン」を否定していたのだとも言える。ところが一九五五年六月一六日以降は、「必要」に加えて「最低（最小）の限度」といった表現を用いるようになった。たとえば六月二七日における質疑において、鳩山首相は次のように答弁した。「このごろの戦争は、なかなか独力をもってしては防衛することはできないと思います。集団安全保障あるいは安保条約、とにかく集団の力をもってせずんば防衛はできないのであります。……集団の力の援助を受けるまでの、ある期間内において日本を防衛する必要にして最小なる限度というように考えなければならないと考えます[12]」。

これ以降、鳩山内閣は、「自衛のための必要最小限度の武力を行使することは認められている」という見解を確立したと定式的に理解されるようになる。これにより、九条第二項が保持を禁止する「戦力」は、吉田内閣時の「近代戦争遂行能力」から「自衛のための必要最小限度を超える実力」に、いわば「大した差はない」「大体」の理解として、変更された。そしてこの政府統一見解の内容は、現在に至るまで維持されている[13]。

このことがもたらした差は、計り知れないほど大きい。なぜなら自衛権の行使の問題としての九条二項の「戦力」に「最低限の範囲内」という概念が導入されたことによって、九条一項に関して留保されていると解釈された自衛権についても「最低限の範囲内」という概念が適用されるようになってしまったからである。当時、自衛権はあるが、戦力は持てない、という「武力なき自衛権」論が広く信奉され、社会党も採用する憲法解釈となっていた。しかし鳩山内閣統一見解（林長官説明）以来、「最低限」の概念が決定的な敷居となる新しい憲法解釈が公式化していくことになる。そしてほとんど誰も「最低限の自衛」や「最低限の戦力」が何なのかは明確に言えないため、九条解釈をめぐる議論は「最低限」をめぐって隘路に陥っていく。

第二節　砂川事件最高裁判決

一九六〇年新安保条約締結の前夜とも言える一九五九年に起こった巨大な事件は、何と言っても砂川事件最高裁判決であった。一九五七年七月八日に特別調達庁東京調達局が強制測量をした際に、米軍立川基地拡張に反対するデモ隊の一部が、基地の立ち入り禁止の境界柵を壊して基地内に立ち入った。そこでデモ隊のうち七名が、「日本国とアメリカ合衆国との間の相互協力及び安全保障条約第六条に基づく施設及び区域並びに日本国における合衆国軍隊の地位に関する協定の実施に伴う刑事特別法」違反で起訴された。これを砂川事件という。

伊達秋雄を裁判長判事とする東京地方裁判所は、一九五九年三月三〇日、「日本政府がアメリカ軍の駐留を許容したのは、……日本国憲法第九条二項前段によって禁止される戦力の保持にあたり、違憲である。したがって、刑事特別法の罰則は日本国憲法第三一条（デュー・プロセス・オブ・ロー規定）に違反する不合理なものである」と判定し、全員無罪の判決を下した（「伊達判決」）[14]。これに対し、検察側は直ちに最高裁判所へ跳躍上告した。そして一九五九年一二月一六日の最高裁判決は、判決を破棄し地裁に差し戻した。

憲法学の書物では、最高裁が「統治行為」に関して司法判断を回避した判決であったと示唆されることが多いが、少なくとも文章上は最高裁が違憲性を疑っていたとみなす根拠はない[15]。最高裁は、憲法九条二項が「保持を禁止した戦力とは、わが国がその主体となってこれに指揮権、管理権を行使し得る戦力をいうものであり、結局わが国自体の戦力を指し、外国の軍隊は、たとえそれがわが国に駐留するとしても、ここにいう戦力には該当しないと解すべきである」と判断した[16]。行政府・立法府が締結した条約については、強い合憲の推論をかけるという議論は、あくまでも判断を下した後の追記として表明した意見に過ぎない。

「伊達判決」は、米軍が日本の領土を超えて活動しうることを定めた「極東条項」を持つ日米安保条約は、日本の防衛だけを目的にしたものではなく、日本が戦争に巻き込まれる可能性を高め、憲法の精神に反すると論じた。砂川事件最高裁判決は、全く逆に、国際社会の国際の平和と安全の維持のための政策との連動性を、強く意識した。最高裁判決によれば、

（日米）安全保障条約の目的とするところは、……平和条約がわが国に主権国として集団的安全保障取極を締結する権利を有することを承認し、さらに、国際連合憲章がすべての国が個別的および集団的自衛の固有の権利を有することを承認しているのに基き、わが国の防衛のための暫定措置として、武力攻撃を阻止するため、わが国はアメリカ合衆国がわが国内およびその附近にその軍隊を配備する権利を許容する等、わが国の安全と防衛を確保するに必要な事項を定めるにある(17)。

この論理をもって最高裁判決が積極的に集団的自衛権を合憲だと判断したとは言えないが、最高裁が論じたのは個別的自衛権だけだったとも言えないだろう。最高裁は、少なくとも日米安保条約が「集団的安全保障取極」であり、それが合憲であることは認めていた。そしてあえて「個別的又は集団的自衛の固有の権利を有すること及び日本国が集団的安全保障取極を自発的に締結することができること」を確認したサンフランシスコ講和条約を参照することによって、戦後の日本が日米安保条約を不可欠のものとして存在していることを暗示した。なおサンフランシスコ講和条約で用いられた「集団的安全保障取極」は、国連憲章で用いられた語ではないが、憲章五二条で登場する「地域的取極」を参照している概念であることは明らかであった。

判決直後のコメントにおいて、横田喜三郎は、国連憲章における「地域的取極」よりも広い措置を、最高裁判決は合憲とみなす議論をしたのではないかと述べていた。横田によれば、「必ずしも国連憲章にいう地域的取決めに限っていないような気がする」。横田は、「最高裁の判決では、わが国の平和と安全を維持するための安全保障であれば、その目的を達するにふさわしい方式または手段である限りいいといっていて、」「憲法を抽象的な面だけでとらえないで、国際情勢の実情ということに即して解釈しなければならないとし、現実にかなり重きを置いている」と判決を描写した[18]。横田は、アメリカ軍は九条二項の「戦力」にあたらず、日本政府が締結した条約によって戦争に巻き込まれる可能性があるかどうかは憲法前文に反するとは言えないとして、最高裁が「伊達判決」の「誤り」を正し、「正当な」判決を下したことを明快に評価した[19]。

横田を継いで東大法学部で国際法担当教授になっていた高野雄一は、判決の翌年に出されたコメントにおいて、最高裁判決にはもう少し踏み込んだ議論をしてほしかったと述べた。同時に、集団的自衛権だけを切り離して違憲だと主張する者は、逆に実定法上の論証をすることが必要だとも付記した。「自衛権が認められている場合に、集団的自衛権はそれに含まれない、というのは筋が通らない。憲法九条で自衛権が否定されない以上、個別的にせよ集団的にせよ、自衛権が一部だけ認められているというのには実定法上の論証が必要である。巷間に多い憲法上集団的自衛権を否定し或はそれを嫌う論調は、集団的自衛権を自衛権としてつきつめて把握していないからである。援助する権利だとか共同防衛の権利だとか、漠とした理解に立ってその好む論議をしているからである。[20]」

第三節　田中最高裁長官の「世界法の理論」

砂川事件最高裁判決に長大な「補足意見」を付した田中耕太郎最高裁判所長官が、事前に駐日米国大使と複数回にわたって会談し、判決内容の見込みまで述べるという問題行動をとっていたことが、アメリカ側の外交文書によって明らかになっている。[21]新安保条約の国会審議がなされ、日米関係に高度に政治的な影響を与えうる時期であり、アメリカ側の関心も高かった。田中が、「砂川事件」直後の一九六一年に、国際司法裁判所判事に転出したことも確かに無関係とは言えないだろう。

田中は戦時中に東京帝国大学法学部長も務めた法哲学者であったが、カトリック信者の紛れもない反共主義者であった。田中の意見を理解するためには、戦前の大著『世界法の理論』が役立つ。田中は、判決に付した「補足意見」の中で、かなり踏み込んだ自説を述べていた。国家は、自国の防衛力の充実だけでなく、国連の集団安全保障や友好諸国との安全保障のための条約の締結などの手段を、自衛のためにとることができるが、田中によれば、「一国の自衛は国際社会における道義的義務でもある」。なぜなら「一国民の危急存亡が必然的に他の諸国民のそれに直接に影響を及ぼす」からである。したがって防衛の義務は、「諸国民の間に存在する相互依存、連帯関係の基礎である自然的、世界的な道徳秩序すなわち国際協同体の理念から生ずる」のであり、それは「憲法前文の国際協調主義の精神」とも合致する。もし政府がこの精神に沿う措置をとるならば、それは政府が課せられた責任を全うするために行う「政治的な裁量行為の範囲に属する」行為である。日米安保条約が「憲法九条の平和主義的精神」と整合性を持つのは、それが「日本への侵略を誘発」する「力の空白状態」を防ぐためのものだからだ。その結果、アメリカ合衆国軍隊が日本国内に駐留しても、違憲ではない。憲法九条によって「わが国が平和と安全のための国際協同体に対する義務を当然免除されたものと誤解してはならない」。日本は、「自国本位の立場を去つて普遍的な政治道徳に従う立場」をとらなければならない。「我々は、憲法の平和主義を、単なる一国家だけの観点からでなく、それを超える立場すなわち世界法的次元に立つて、民主的な平和愛好諸国の法的確信に合致するように解釈しなければならない」[22]。

興味深いことに、田中は「補足意見」の中で、「世界を標準として人類の法律秩序を考ふるとき従来の国家本意、民族本位の法律理論は転覆せざるを得ぬ」と主張した、田中自らの主著の主題「世界法」の概念を参照しさえした[23]。憲法学者の天野和夫は、田中によって「日米の安保体制も世界法的とされている」ことに着目し、最高裁長官である田中が、自らの学者時代の学説を判決と劇的に結び付けたことに、驚きを示した[24]。

砂川事件最高裁判決と時期をあわせるかのように法律雑誌において田中が公刊した「法の支配と自然法」という題名の論考は、田中の政治観を知る上で、非常に興味深い。田中はそこで、当時の日本に見られた「権利の濫用、自由と放恣との混同」による「法秩序無視の傾向」を激しく糾弾した。「国家権力の弱体化」を利用して、「国家的法秩序を無視する革命的性格を帯び」た「集団の実力」が出現している。「反民主主義的」で「国際的つながり」をもった「一部の組合労働者や学者のマルクス的共産主義の思想を背景とし」た運動による「裁判所を牽制する目的でなされる大衆的示威運動、裁判官に対する威迫、法廷におけるはなはだ不穏当な言動等」に対し、田中は激しい批判を加える。その上で、田中は次のように述べる。「憲法はその根本原則に関するかぎり、上位の憲法すなわち super-constitution を予定していて、……憲法はこの『上位の法』を『人類普遍の原理』(universal principle) といっているが、それは自然法にほかならない。それはあきらかに法実証主義すなわち国家法たる憲法を絶対最高のものとする立場を放棄している……。……裁判所が違憲審査権をもっていてこそ、憲法は『国の最高法規』たる機能をいとなみ、『法の支配』は一層完璧となる」[25]。

つまり田中は、反共の立場から、世相を憂い、砂川事件や翌年の安保闘争で頂点に達する大衆運動を牽制する論理として「法の支配」に言及した。そして「法の支配」は、憲法を超える自然法(それは日米安保条約を容認する)に依拠して違憲審査権を発揮する裁判所によって守られると主張したのであった。砂川事件を担当した最高裁長官として、あまりに実直な言葉であろう。

第四節　二つの法体系論

砂川事件最高裁判決が出された直後、法律雑誌等が特集号を組み、法学者たちに議論をさせた。最高裁は憲法九条の判断を回避するのではないかと予測されていたので、憲法九条に踏み込んだ判決が驚きを持って受け止められた。当時、社会党などは、日米安全保障条約は違憲であるという立場をとっていたし、砂川事件被告・弁護団も当然そのような主張をした。そのため、少なくとも日米安保条約について最高裁判事が全員一致で合憲という意見を表明したことの政治的衝撃も大きかった(26)。

砂川事件において最高裁が検察の主張を全面的に受け入れる立場をとったことにより、保守層と革新層の間の分断は推し進められたと言えた。横田喜三郎は判決を好意的に捉えつつ、そもそも日米安保条約を違憲とする議論は政治の悪弊だと論じた。「争いになった問題は、その問題自身で争うべき」であるにもかかわらず、「実質論で争わないで、憲法に違反するといって争う」のは不毛なのであった(27)。安保闘争を乗り切った岸信介首相は、退陣直前に、田中の後任の最高裁長官として、横田を選定した。

共産主義系の憲法学者として知られた長谷川正安は、砂川事件最高裁判決を受けて出された『法律時報』臨時増刊号において、「例によって田中長官の補足意見は、従属国的憲法意識のモデルとなっている」と酷評した。とくに、「自衛はすなわち他衛、他衛はすなわち自衛という関係あるのみ」というような、「わけのわからぬ文句」をのべて日米の軍事協力関係を論じ、「日本が自国をまもることだけでなく、アメリカをまもってやることすら、憲法の平和主義の精神に入れてしまおうとしている」、と観察した。そして「田中長官の嫌いな共産主義国とたたかうことは、自衛即他衛、他衛即自衛となるというのであろう」と揶揄した。長谷川にとっては、最高裁判決は、田中長官の政治行為にすぎなかった。「砂川判決においては、法が政治のかげにかくれて、顔の出し場がなくて困っている」[28]。

その後の安保闘争の騒乱を目撃しながら、長谷川は有名な「二つの法体系」論を表明した。長谷川によれば、日本には、「矛盾する二つの法体系の並存をゆるしている支配体制」がある。「その一は、憲法を最高法規として、法律―命令とつづく憲法体系であり、他は、安保条約を最高法規として、行政協定―特別法とつづく安保体系である」。前者の憲法体系においては、「反戦・平和主義と反ファッショ・民主主義を基本原則としている」が、安保体系は、「日本におけるアメリカ軍だけの、目的・数・期間その他ほとんど無制限な軍事行動を承認し、その障害になる国民の民主的権利は、制限されるのが当然」視されている。そして長谷川は喝破する。「まだ完全な独立国ではないが完全な被占領国でもない日本のような国家は、従属国とよぶのがもっとも適当であろう。憲法体系と安保体系という矛盾した二つの法体系の並存は、まさに、従属国に特有の法のあり方である」[29]。

後に長谷川は、「二つの法体系論」の着想が砂川事件によって触発されたものであったと回想した。砂川事件における「伊達判決」といわば「田中判決」の間の相違は、長谷川によれば、「二つの法体系の矛盾の産物」だった[30]。長谷川によれば、「二つの法体系の併存」は日本の主権回復時から始まっており、「その萌芽はすでに占領中、管理法体系と憲法体系の二重構造として存在していた」。つまり「連合国占領軍に従属しながらも、日本政府が憲法にもとづいて統治をおこなうことをみとめたことが、法体系の二重構造を生んだ」のであった。それでも多くの日本人は、占領が終われば、日本国憲法が国の最高法規になると素朴に考えていた。しかし、「占領の実体をなしていた米軍駐留は、講和・安保両条約により四月二八日以降も無期限につづいたから、占領は事実上終わることなく、新しく再編成されることになったわけである」[31]。

砂川事件よりも前の一九五九年四月に刊行された著作において、鈴木安蔵はすでに、「安保条約、行政協定、相互防衛援助協定の超最高法規性」について論じていた。鈴木にとって今や「国民主権」を制約している最大の敵は「安保体制」であった。鈴木にとってそれは、「『集団的安全保障』というよりは、日米『軍事同盟』の性格をもつものであった」。鈴木にとっては、「アメリカ合衆国軍隊が日本国内およびその付近に駐留することが、かりにも合憲的であるなどとはとうていみとめえない」ことであった。[32]さらに鈴木は一九六五年の著作において、次のように述べた。「今日のわが国について、学者の間でひろく『安保体制』といわれている国家法秩序・体制のごときものは、すなわち、ここにいう異質的な実定憲法秩序のもっともいちじるしいものにほかならない。それは……わが日本国憲法の諸規定に示されている独立主権国家、非武装平和主義、基本的人権優位などの根本的な憲法原理、憲法規範に反し、理論的には明白に、違憲の『体制』『法秩序』という判断を免れ得ないものである」[33]。しかし「違憲・無効とされることがなく、……日本国の現実の国家法秩序・国家体制として存立している」。

「二つの法体系」の概念は、マルクス主義系憲法学者をこえては広がらなかった。長谷川は、一九七〇年の佐藤政権の時期に、「福祉国家建設のためという社会民主主義的なイデオロギーの悪用」が「安保繁栄論」につながっていく状況に警戒心を表明した。[34]後進の憲法学者の間でも、高度経済成長期以降の日本の発展によって事情が変わった、といった説明がなされがちのようである。[35]もちろんそれは長谷川らの洞察が間違っていた、ということではない。二一世紀になった今日の安保法制をめぐる議論でも砂川事件が重要事例として頻繁に参照され、戦後の日本の国家体制を「永続敗戦」の仕組みだと論じる本がベストセラーになったりする事態も起こりうる。[36]長谷川らは、むしろ政治的闘争に敗れた、と言うほうが正しいのかもしれない。

一九六〇年からの五五年以上の間に、「二つの法体系」が消滅解消したと言えるような事件があったとは言えない。あったのは、せいぜい解釈論の変遷であり、左翼系の学説の地盤沈下である。むしろ日本人の多くは（沖縄在住者など一部を除き）、ただに「矛盾の併存」に慣れてしまっただけなのかもしれない。そのため安保法制をめぐる議論などが巻き起こったときには、あらためて新鮮な発見をしたかのように矛盾を感じる、ということなのかもしれない。

第五節　安保改定と集団的自衛権

一九六〇年に日米安全保障条約が改定された際、集団的自衛権はどのように扱われたのだろうか。安保改定を検討するにあたって自民党が設置した「安保改定等小委員会」の「所見」（一九五九年五月二日総務会決定）は、当時の集団的自衛権に対する考え方を知るのに好都合な資料である。同委員会は、憲法と改定日米安保条約の関係について論じた項目において、特に集団的自衛権との関係を以下のように論じた。

二　憲法との関係……

（7）集団的自衛権との関係

憲法第九条は、国際紛争を武力で解決することを放棄はしたが、日本国がみずからの存立を全うし、日本国民が平和のうちに生存することを放棄してはいない（憲法前文第二段参照）

（イ）日本国がその存立を全うし、日本国民が平和のうちに生存する権利が、他国の武力攻撃によって侵害され、またはそのさし迫った危険が現存する場合、必要な限度で他国の武力攻撃を阻止することは、自衛権の行使として、憲法の容認するところである。この場合、第三国と軍事的に協力して、他国の武力攻撃を阻止することになれば、自衛権の行使は、集団的自衛の形で発現されるとみることもできるわけである。

（ロ）日本国がその存立を全うし、日本国民が平和のうちに生存する権利が、他国の武力攻撃によって侵害されず、またはそのさし迫った危険が現存するのでないのに、日本国が他国と武力抗争をすることは、憲法の容認するところではない。その意味で、わが憲法のもとでは、他国が武力攻撃をうけた場合に、他国に加えられた武力攻撃を阻止することは、抽象的にその他国がわが国との連帯関係にあるというだけではなく、具体的にわが国について、右にのべたような非常の事態が発生しているというのでなければ、集団的自衛の権利の名においてでも、これを正当視するわけにはゆかない。(37)

当時、新日米安保条約を推進した自民党の政治家たちの間では、米国と共同して防衛行動をとることが、集団的自衛権の行使にあたるという認識が持たれていた。同時に、単に他国を防衛することだけを目的にした行動は憲法が許していないという見解も確認されている。他国を防衛するために海外で軍事行動をすることは合憲ではないという考え方が、単純に個別的自衛権だから合憲、集団的自衛権だから違憲、という言い方では説明されていないわけである。

実際のところ、この自民党の小委員会における議論を分析した田畑茂二郎もまた、「新安保条約第五条に基づいて、日本が米軍基地防衛のためにとる行動は、日本自身の自衛権（＝個別的自衛権）の発動とみられる場合もあるが、しかし、常にそのようにみるのは困難で、米国に対する集団的自衛権に基づく措置とみるのが適当な場合も起こりうる」との見解を示していた[38]。たとえ日本の領域内にあったとしても、米軍基地をピンポイントで狙った攻撃を日本に対する攻撃だと考えることには限界があるからである。

一九六〇年に成立した新しい日米安保条約は、より対称性を高めたものだと言われる。旧条約では、アメリカは基地を保有し続けながら、日本防衛の義務を負っていない点が問題視された。「物と人の交換」という論理をいっそう鮮明にして、アメリカ側から日本防衛に対する義務を引き出すことが、一九六〇年の新日米安保条約の大きな狙いであった。結果として、新安保条約では、五条に次のような文言が挿入された。「各締約国は、日本国の施政の下にある領域における、いずれか一方に対する武力攻撃が、自国の平和及び安全を危うくするものであることを認め、自国の憲法上の規定及び手続に従つて共通の危険に対処するように行動することを宣言する」。

一九五〇年の時点では遂に容認することがなかったアメリカ側の態度が柔軟になり、集団的自衛の関係を設定して、日本を防衛する義務をアメリカが負ったことが、この新安保条約五条によって示されている。これによってアメリカの軍事基地の維持は、恒久的なものとなってしまった。だがそれは旧条約においても同じだったと考えるのであれば、アメリカの日本防衛の義務を引き出した点は、日本側の外交成果であった。

このアメリカ側の譲歩は、社会党・共産党勢力による旧安保条約に対する批判にさらされた自民党政権を手助けするために行われた。旧安保条約については、アメリカによる占領統治体制の継続を正当化しているものにすぎないという批判があった。新安保条約では、日本防衛の義務をアメリカに確約させるという日本側の利益をもって、対米従属という野党勢力の批判をかわすことが意図された。日本における共産主義勢力伸長の可能性を示唆しながら、アメリカの防衛関与だけを維持する（日本の防衛関与は限定的なものにとどめる）冷戦時代特有の事情に依拠した日本の対米外交が結実したのが、一九六〇年の新日米安保条約であった。

一方において、日本政府は、この集団的自衛権の論理によってアメリカの関与を確保することには真剣であった。安保条約改定をめぐる時期の審議において、岸首相をはじめとする政府関係者が、概念的に集団的自衛権を広く解釈していたと言われるのは(39)、そうした文脈で理解すべきだろう。岸信介首相は、次のように述べていた。

集団的自衛権という内容が最も典型的なものは、他国に行ってこれを守るということでございますけれども、それに尽きるものではないとわれわれは考えておるのでございます。そういう意味において一切の集団的自衛権を持たない、こう憲法上持たないということは私は言い過ぎだと、かように考えています。しかしながら、その問題になる他国に行って日本が防衛するということは、これは持てない。しかし、他国に基地を貸して、そして自国のそれと協同して自国を守るというようなことは、当然従来集団的自衛権として解釈されている点でございまして、そういうのはもちろん日本として持っている、こう思っております(40)。

鳩山に続いて岸にも仕えた林修三内閣法制局長官は、海外派兵以外の如何なる集団的自衛権があるのかと問われ、次のように答弁した。

例えば、現在の安保条約において、米国に対し施設区域を提供している。あるいは、米国が他の国の侵略を受けた場合に、これに対して経済的な援助を与えるということ、こういうことを集団的自衛権というような言葉で理解すれば、私は日本の憲法は否定しているとは考えない[41]

しかし他方において、林はアメリカを日本が防衛する必要はないことを強調した。

国際法上にわが国が集団的、個別的の自衛権を持つことは明らかだと思います。ただ、日本憲法に照らしてみました場合に、いわゆる集団的自衛権という名のもとに理解されることはいろいろあるわけでございますが、その中で一番問題になりますのは、つまり他の外国、自分の国と歴史的あるいは民族的あるいは地理的に密接な関係のある他の外国が武力攻撃を受けた場合に、それを守るために、たとえば外国へまで行ってそれを防衛する、こういうことがいわゆる集団的自衛権の内容として特に強く理解されておる。この点は日本の憲法では、そういうふうに外国まで出て行って外国を守るということは、日本の憲法ではやはり認められていないのじゃないか、かように考えるわけでございます。そういう意味の集団的自衛権、これは日本の憲法上はないのではないか、さように考えるわけでございます。[42]

集団的自衛権にもとづいてアメリカと日本は日本を共同防衛するが、しかし日本は決して海外派兵はしない、という理解が、新日米安保条約で岸内閣が示した基本線であった。防衛庁長官・赤城宗徳は、次のように答弁した。

国際的に集団的自衛権というものは持っておるが、その集団的自衛権というものは、日本の憲法の第九条において非常に制限されておる、こういうような形によって日本は集団的自衛権を持っておる、こういうふうに考えておるわけであります。……憲法第九条によって制限された集団的自衛権である、こういうふうに憲法との関連において見るのが至当であろう、こういうふうに私は考えております。[43]

第六節　集団的自衛システムと最低限の自衛権

こうした独特の集団的自衛権の理解について、学者たちの理解も複雑なものとならざるをえなかった。自民党小委員会の議論についてコメントしながら、国際法学者の田畑は、「米軍基地に対する日本の防衛行為をもって日本自身の自衛権の発動とみるのは困難であって、強いていうならば、憲章五一条で認めている集団的自衛権に基づくものとしてみるしかないであろう」、と注釈した。「集団的自衛権という場合は、自己以外のものに対して攻撃がなされた場合にもそれを同時に自己自身に対するものとして反撃しうるわけであって、米軍基地に対する日本の防衛行為を説明するには格好のもの」と田畑が言うとき、いわば個別的自衛権の拡大解釈が難しい場合には、集団的自衛権で正当化できる、ということを述べているわけである。もっとも田畑も、「集団的自衛権というのは、名は自衛権であるが、他のものに対して攻撃が加えられた場合に出動することであって、憲法上こうした意味での自衛権が認められているといっていいかどうか、かなり疑問である」とも観察する。自民党の小委員会が海外派兵には極めて慎重であることを「裏返していえば、米軍基地に対する攻撃が日本の権利に対するさし迫った脅威と見られるならば、日本が米国と集団的自衛権の名において共同防衛することも合憲的だということになる[44]」。

集団的自衛権それ自体が違憲というよりも、違憲な形で集団的自衛権が行使されないかが、当時の論者たちが指摘したところだった。その前提で、高野雄一は述べた。日米安保条約は、「形式は相互的に日本も集団的自衛権の行使を約束した形になっているが、日本の側については個別的自衛権の行使の約束以上のことが考えられるか、ここでは疑問である」。高野によれば、「憲章上の一般的基礎の上に立って、それらの国々が協定を結び、彼らが直接の脅威を共通にすると認める武力攻撃（条約区域による限定がここに出てくる）に対して集団的自衛権を認め合いそれを相互に行使することを約束すると、それによってかつその限りで、国連体制と矛盾せず憲章に適合した相互援助、共同防衛が成立する。協定上の相互援助あるいは共同防衛はその現象をあるいは集団自衛とは称しえても、集団自衛権そのものでないことはいうまでもない。だがそれは憲章の体制においては、集団的自衛権を基礎にしてはじめて認められる現象である。これが、今日、世界に広く展開している集団的自衛権に基づく地域的協定の実体である。日米新条約の第五条は、変則なところがあるが、やはりその上に立っている」[45]。

これはどういうことかと言えば、「一国の自衛権はその国が物理的に武力攻撃にさらされる場合以外にも、他国、他地域との密接な関係とそこに加えられる武力攻撃の如何によってそのような武力攻撃の下でも自国の法益の侵害の防衛として考えられる場合があろう」ということである[46]。さらに具体的に言えば、明らかに米軍だけに対する攻撃である場合、日本には個別的自衛権を行使する状況がない。しかしそこに明白な日本の法益の侵害があるとすれば、その観点から日本が集団的自衛権を根拠にした行動をとることに合法性が生まれる。高野は国際法学者として、仮に日本側に個別的自衛権の行使以上の意図がない場合でも、国際法から見れば集団的自衛権が違法性阻却事由になる場合があることを指摘したわけである。

横田喜三郎は、新安保条約正当化につながる集団的自衛権＝地域的集団安全保障という原理を、旧安保条約締結時よりもいっそう明確に提示していた。横田によれば、「集団的安全保障には、ふつうに、集団的自衛権が結合されている」。通常の国連全加盟国が参加する集団安全保障が機能していない現実を背景に、横田は「現在では、集団的安全保障という場合に、ふつうは、たがいに密接な共通の利害関係をもつ諸国が集まり、それらの諸国の安全を共同的に保障することが意味される」と述べる。横田によれば、「ふつうに集団的安全保障といわれるのは、地域的の集団的安全保障のことであり、地域的安全保障のことである」。「二国間安全保障または個別的安全保障」は、地域的安全保障だとはいわないが、「国家が集まり、団結して共同に安全を保障するのであるから、本質的には、ふつうの集団的安全保障と異なるものではない」。そもそも「国連憲章が新しく集団的自衛権を認めたのは、国連の一般的な安全保障の欠点を認め、それを補うため」だった。そこで今や「集団的安全保障と集団的自衛権は、たがいに結合されて……広く全世界的に行われ」るようになった。「理論的には、国連の一般的安全保障も尊重されているが、実際的には、集団的自衛権を取り入れた集団的安全保障に重点がおかれている」。砂川事件最高裁判決及び新安保条約成立直前の一九五九年一〇月にあって、横田はあらためて、「集団的自衛権と集団的安全保障の時代」を宣言していた(47)。

このように国際法学者には、程度の差はあっても、新安保条約は集団的自衛権の論理に一定程度は訴えることなくしては運営できないという認識があった。岸内閣関係者の国会答弁を見ても、集団的自衛権による整理が図られるべきときにはそうすべきだという認識は、共有されていたのである。ただし政府関係者は、日本は海外派兵を行わず、自国の防衛だけに専心するので、基本的に個別的自衛権の論理だけで説明できることがほとんどであろうとも説明した。憲法学者であれば、制約された自衛権の制約のされ方に関心があるだろう。政府の立場は、国際法学者と憲法学者の間で、どちらつかずのものだったともいえる。

憲法学者の堀堅士は、次のように分析した。「政府が……『相互援助』の点をできるだけ裏面に押しかくそうとしているのは何故であろうか。……相互援助は『相互援助』＝『共同防衛』＝『他国防衛』と展開」し、「この『他国防衛』が憲法に違反するので政府は困っている」のだ。そこで「困り果てた政府は、遂に共同防衛＝『他国防衛』を自己防衛＝『自国防衛』に偽装する妙案を発見した」。「日本は、日本本土に対する武力攻撃をではなくて、この米軍基地に対する武力攻撃を自国に対する攻撃と認め共通の危険に対処するため共同防衛することを宣言している」という論理構成をとるという「妙案」である。いわば「祖国の中の異国」として、「日本国の中に外国（米軍基地）」がある。ただし、もともと米国が望んでいるのは、日本が「沈まざる空母」となることである。つまり、「間接に、日本が『極東の平和と安全』を守る義務を負うこと、軍需品を下請的に製造し修理し、そして日本にある『米軍基地』に対する攻撃を自国に対する攻撃とみなして、全力をあげてその『米軍』を守り、その『基地』を敵の手に渡さぬようにすること」である。「たとえ地球の裏側にある『米軍』が攻撃されたとしても『在日米軍』は当然それについて無関係ではあり得ない」ため、「いつでも出撃するであろう」。その時に、日本が、その「作戦行動」を拒絶することは難しい(48)。

新安保条約は、条約体制の中に日本国憲法の審査が入ることを明文化し（三条・五条）、憲法体制と安保体制の調和を図る明示的な努力を払った。また、「岸・ハーター交換公文」をあわせて結び、日本への攻撃がない場合の在日米軍の戦闘作戦行動を事前協議対象として、「巻きこまれ」を防ぐ措置とした。しかし結果として、集団的自衛権の理解などの幾つかの論点は、曖昧模糊とした状態に陥ることになった。日本の自衛隊は個別的自衛権にのみ基づいて行動するだろう。しかし間違いなく集団的自衛権を行使する米軍とともにそうするだろう。恐らくは「最低限の実力」組織である個別的自衛権行使者たる自衛隊は、集団的自衛権行使者たる世界最強軍隊である米軍の主導の下に、共同作戦を遂行するだろう。また日本への攻撃がない場合の米軍の行動に日本は協議の上で同意を与えるかもしれない。それらの状態は、法的整理を行わなければならない立場の者にとっては、悪夢のように複雑な事態だろう。だがそれが日本の国家体制の帰結なのだ。

「必要にして最低限の自衛権」を行使する「戦力ではない軍隊」である自衛隊が、いずれにせよ「必要にして最低限」の実力しか持っていないのは、世界最強の軍事組織である米軍との共同作戦行動が自明の前提になっているからだ。つまり憲法九条の仕組みは、日米安保体制の裏付けがあって初めて運用可能になるのだ。換言すれば、「必要にして最低限の」個別的自衛権だけを行使しているので違憲の疑いがない自衛隊の活動は、集団的自衛権を行使して主導的に安全保障措置をとる米軍の活動と、「表」では切り離されているが、「裏」では密接不可分に結びついている。「必要にして最低限」の個別的自衛権合憲論は、日米安保条約の集団安全保障に依存して初めて成り立ちうるような理論でしかなかった。

新安保条約は、日本の国家体制の「表」と「裏」の間の矛盾を何とか取り込もうとする努力の結晶であった。しかし必ずしも「表」と「裏」の間に存在する矛盾を解消したとまでは言えない。ただ矛盾を矛盾として受け止めながら、何とか国家体制を運用していくための手がかりを作り出したものではあった。

第七節　高度経済成長と矛盾の受容

一九六〇年以降、安保条約は改正されることもなく、半世紀以上にわたって存続し続けることになった。新安保条約の安定感の大きな要因は、「物と人との協力」という点で日米関係が対称化されたという主張が成立し、しかも日本の防衛が条約に明記されたにもかかわらず、日本からの貢献は、今まで通りの基地の提供にとどまったことだろう。新安保条約は、旧条約同様に前文で集団的自衛権について言及したが、五条では、「自国の憲法上の規定及び手続に従って」、という留保条項を付し、後の集団的自衛権違憲論の論拠を作った。

アメリカはアイゼンハワー政権下で一九五〇年代に厳しい米ソ対立の時代を繰り広げた後、世界中の共産主義勢力の抑え込みに躍起になっていた。日本を軍事戦略の「不沈空母」として活用しつつ、反共の砦として日本国内の共産主義勢力に付け入る余地を与えないことは、利益にかなうことであった。これは岸の後に政権をとって、新安保条約を基盤としながら、所得倍増政策のような経済重視路線を推し進めた池田勇人や佐藤栄作らの吉田路線を推進した人々にとっては、特に好都合な事態であった。[49]一九六〇年の「安保闘争」によって退陣に追い込まれた岸に代わって池田が首相に就任して以降、高度経済成長の時代を迎えるにあたり、吉田茂が確立した軽武装路線と日米安保の組み合わせこそが、戦後日本の外交政策の基本としての地位を持つことが認知されるようになる。国際政治学者の高坂正堯は、現実主義の観点から、吉田茂の軽武装路線を高く評価する論文を公刊する。[50]重武装を回避し、経済成長に専念するためには、これほど合理的なシステムはない、という独特の同盟への見方が、日本国内に広がっていく。日米安保体制の安定化とは、冷戦時代の事情を逆手にとり、米国の安保の傘を利用して経済成長を図るという狡猾な外交への信頼感によって生まれたのであった。

岸自身は改憲論者であり、改憲を目指す方向性で、日米安保条約の改定を目指したと思われる。しかし結果は逆であった。新安保条約は、憲法九条と結びついて、日本の国家体制を固定化した[51]。本来であれば、東大社会科学研究所教授の渡辺洋三が述べたように、「憲法と安保体制の矛盾は、終局的には、安保体制の破棄か、憲法改正か、のいずれかの結論が出るまでは解消しない」はずであった[52]。ところが安保体制下で高度経済成長を経験した多くの日本人は、矛盾の解消ではなく、矛盾と共存することを選び始めた。憲法九条と安保体制という「表」と「裏」の矛盾を抱え込んだ国家体制を、そのまま受け入れることを模索し始めた。こうした経緯をへて、日本政府は、個別的自衛権だけが憲法九条が許しているものであり、日米安保条約も個別的自衛権にのみかかわっているという整理を確立していこうとするのである。

一九七〇年に行われた宮沢俊義と横田喜三郎との間の興味深い対談がある。両名が東大を退職してから一〇年以上を経た後の時期に行われたものである。最高裁長官職を務め終えた横田は、「自衛隊の存在についても、これは政治部門が決定すべきで、法律部門の裁判所が判断すべきでない、とする見方は適当ですね」などと述べた。これに対して宮沢は、次のように述べた。「法律というものは〝力〟で変わります。……違法行為であっても、革命が成功すれば、そこに新たな法秩序ができる。……自衛隊の存在を、この変遷論に当てはめるとなると大問題です。違憲であるはずの軍隊が、選挙を重ねるにつれて当然視されてきた……。自民党を国民が選挙で支持していることが、根本において不満なんですね。不満だが、しかたがないとぼくはあきらめていますよ[53]」。宮沢は自衛隊を違憲と判断した一九七三年長沼事件第一審判決に関する論考で、上級審が「自衛隊と憲法との関係に関する司法権による『確定』」を拒否するとすれば、それは問題の確定を「事実上の『力』に任せること」になる。宮沢は、「それはそれで、やむを得ないかも知れない」と述べた。そして、むしろ憲法を改正して戦力保持禁止を解除すべきことを訴えた(54)。

今や「八月革命」説の憲法学者は、不明瞭な態度をとり続ける主権者・「国民」に対して、「しかたがない」という「あきらめ」の気持ちを持つようになった。違憲の「戦力」を否定しようとしない「国民」を目の当たりにして、「国民主権主義」を否定するという自己矛盾に陥ることを避けるのであれば、もはや「しかたがない」と「あきらめる」以外に方法はないのであった。

晩年の横田も、晩年の宮沢も、ともに安定期に入った戦後の日本の国家体制を受け入れようとしていた。憲法九条と安保体制の間の矛盾、たとえば集団的自衛権の合憲性といった問題は、やがて内閣法制局が説明する原則論で、解決が図られていく。つまり矛盾に満ちた現実から目をそらし、複雑な説明を施すことを回避するという方法こそが、最善の解決策であるように感じられ始めていたのだ。憲法九条と日米安保の落ち着かない共存の中での高度経済成長時代の成功を感じていた当時の人々は、多大な労力を払って矛盾を説明したり、解消しようとしたりする努力を払う意欲も失っていた。むしろ矛盾を抱え込みながら、淡々と生き続けていくことを欲していた。集団的自衛権違憲論は、そのような時代の雰囲気の中で生まれていくことになる。

第四章

内閣法制局は何を守っているのか？

――一九七二年政府見解と沖縄の体制内部化

本章では、集団的自衛権は持っているが行使は憲法が禁止している、という論理構成が、政府見解として確立された一九七二年前後の時代を取り扱う。高度経済成長時代を経た日本が、軽武装・経済成長路線に大きな自信を見出していたのが、七二年頃の社会情勢であった。その際、集団的自衛権は違憲だと強調することは、ベトナム戦争の泥沼に陥っていたアメリカの対外軍事行動に関わらないようにしながら、沖縄の米軍基地の継続的なアメリカによる「自由使用」を容認することと引き換えに沖縄返還を達成する外交政策と密接に結び付く意味を持っていた。

第一節　沖縄返還と集団的自衛権

集団的自衛権の行使を違憲とする政府見解を述べた文書が初めて作成されたのは、一九七二年一〇月であった。二〇一四年七月一日閣議決定の際に参照されたことによって注目されることになった、内閣法制局作成の文書である。田中角栄内閣成立直後に生まれたのが七二年政府見解だったが、その伏線はベトナム戦争の時代に沖縄返還を達成したことで知られる佐藤栄作政権の間に始まっていたと考えてよい。

安保闘争後の国民の関心を所得倍増論に向けることに努力していた池田勇人内閣は、集団的自衛権の問題については、ことさらかかわりを持たないようにしていたように見える。日米安保条約の運営にあたってアメリカは集団的自衛権を発動するが、日本は個別的自衛権を発動するという岸内閣時の説明に変化はないのか、という質問に対して、池田首相は「あの当時と同じ考えで進んでおります」といった素っ気ない返答をするだけであった(1)。

一九六四年に佐藤栄作内閣が成立し、鳩山・岸・池田内閣を通じて内閣法制局長官に留任していた林修三の辞職にともなって高辻正己が長官に昇格した。変化が見られるようになるのは、この佐藤政権の後半の時期である。田中角栄・自民党幹事長によって、「国対政治」型の政治手法が広まったのは佐藤政権期だったが、佐藤は、「非核三原則」を提唱し、沖縄返還を実現しつつ、他方ではアメリカに日本のための核報復体制を要請したり、沖縄への核持ち込みを密約で認めたりするなど、二枚舌的な外交手法をとった(2)。官僚掌握術を駆使した佐藤や田中の時代に、内閣法制局の独立性を強調する姿勢も目立つようになる。「裏」でアメリカの安全保障の傘を強く求めた首相の下でこそ、「表」では集団的自衛権は違憲なので行使しえないと説明する立場が確立されていくことになる。

特に重要なのは、返還後にも沖縄の米軍基地を米軍が「自由使用」することを容認する取り決めである(3)。「自由使用」は、集団的自衛権違憲（＝日本が行使している状態の否定）を強調する姿勢と表裏一体の関係にある出来事だったと言えるだろう。そもそもサンフランシスコ講和条約の際に日本の沖縄に対する「残存主権」が認められながら、米側から「極東に緊張が続く限り米国が沖縄を保有することは日本にとって有利」という判断が示されたのは、「米国が沖縄を保有していれば、日本は沖縄基地からの戦闘機発進について責任を持たなくて済む」という考えにもとづいてのことであった。[4] 佐藤政権は、新たな「責任」を明示的には負うことなく、沖縄返還を実現するというアクロバットを、二枚舌外交と評さざるを得ない姿勢で達成した。

一九六四年一一月の佐藤栄作政権成立から、つまり高辻の法制局長官就任から、四カ月後の一九六五年三月二日に、高辻自身が憲法制度調査会において行った発言が国会で取り上げられた。高辻が、「自衛権の行使の中で、集団的自衛権に基づく相互援助行動は、憲法が当然認めている自衛権の範囲には含まれない」と発言したとされたことについて、高辻は見解の確認を求められたのである。これに対して高辻は、「日本が武力を行使できるのは、日本に対して武力攻撃があった」場合に限られると考えられると答弁した。[5] 高辻はもともと集団的自衛権に懐疑的であったが、表現自体はまだ抑制的であった。

憲法は集団的自衛権の行使を禁じているという高辻の議論が明確に国会答弁で表明されるようになるのは、一九六九年からである。[6] 実は一九六〇年代の後半の国会において集団的自衛権が言及されたのは、主にアメリカが集団的自衛権の名の下にベトナムで行っている軍事行動の正当性をめぐる議論においてであった。[7] その間、集団的自衛権の概念それ自体の印象も相当に悪化した。沖縄返還で譲歩を引き出すためにジョンソン政権のベトナム政策への支持を表明した佐藤政権は、野党の攻撃にさらされながら、必死に日本の実質関与がないことは強調する姿勢をとった[8]。当時のジョンソン政権内では、沖縄返還後に、日本との事前協議をへてアメリカが軍事行動を起こせば、米軍の行動が「日本自身の決定」となり、必然的に「日本に国際的な責任感を強く持たせる」ことになるので望ましい、という見解があった[9]。

一九六九年一月にベトナムからの「名誉ある撤退」を唱えるリチャード・ニクソンが大統領に就任した契機を捉え、一九六九年初頭から日本政府関係者は、事前協議制度があっても「弾力運用」で事実上の基地「自由使用」継続は可能だという考えをアメリカ側に次々と打診した[10]。アメリカ側は、沖縄返還を契機に、かえって日本全土の米軍基地が事実上の「自由使用」化状態になるように交渉を誘導した[11]。そして一九六九年一一月に、七二年沖縄返還の合意が佐藤とニクソンによって発表されることになった。

その時の共同声明を、キッシンジャーらニクソン政権関係者は「通常兵器の事実上の無制限使用の権利を認める旨の原則」を確認したものと解釈した。そのため室山義正は、表向きは「核抜き・本土並み」であった沖縄返還は、実態としては「有事核持ち込み・本土の沖縄化」を伴うものだったと評した[12]。アメリカ側は、日本本土は日本が防衛し、極東防衛を日本の支援を受けて米軍が担当するという方向で、日米同盟体制の進展が起こったと理解したのであった。ところが日本側は結局、引き続き日米安保条約は日本だけを防衛するものであり、日本に無関係な米軍の行動は事前協議対象である（いずれにせよ日本とは無関係な米軍の独自の行動にすぎない）という理解を堅持しようとした。一九七二年に至る時期において、日米同盟は呉越同舟の様相を呈し始めていた。アメリカ側の理解に反して、日本側は、「裏」の理解では紛れもない基地の自由使用容認を、「表」向きでは何も変化はないという態度で押し通し、さらに集団的自衛権は違憲（したがって米軍の軍事行動に日本は一切関知しない）という見解でも裏書きしたのであった。

　その一九六九年の二月一〇日、共産党の林百郎・衆議院議員は、日米安保条約の事前協議の運用について佐藤首相に質問した。そして在日米軍基地を使った作戦行動は事前協議対象になるが、その際、国連憲章にそっているものであれば日本政府は反対をしない、ということが確認された。そこで林が沖縄返還について言及すると、佐藤首相はすべて「白紙」だということを強調した。そこで林は「それでは高辻さんに聞きましょう」と述べ、次のように質問した。「本土から米軍が出撃をした場合には、これは憲法外の問題であって、あるとすれば事前協議の対象になる……沖縄が返ってくるとかこないとかいうことは別として、本土から国連の名において将来米軍が直接朝鮮へ出動する、……これは憲法との関係ではどうなるか」。これに対して高辻は次のように答えた。「何か本土と沖縄の場合について一応分けて御質問のようでありますけれども、おそらく本質的には同じことで、違わないと思います。要するにアメリカ合衆国、まあどこの外国の軍隊でもいいですが、……国連憲章のワク内で行動するというものであれば、これは憲法の各条項には何も関係がございませんが、憲法の精神からいっても問題はなかろう……。ベトナムの問題あるいはどこの問題、いろいろ仮定をあげれば出ると思いますが、要するに、……国連憲章の認める行動の範囲内のものであればということが正確なお答えでございます」。林は、次のように総括した。「日本を基地にして日本にいるアメリカの軍隊が出撃する場合は、事前協議の対象になって、相談には乗る。しかし、それが国連憲章という名のもとで軍事行動した場合は、おそらく総理はノーと言わないだろうと言ったら、総理はうんと言っているのですよ。そうすると、国連憲章の名によって米軍が日本を基地として出撃行動する場合は、これは全部許される。かりに事前協議というものがあっても、事前協議の相談に乗る基準、イエスかノーかの基準は国連憲章だ。国連憲章の名に基づいてやればこれは憲法のらち外だから許される」。この林の総括について、政府側からの異議はなされなかった[13]。

つまりアメリカが行っている軍事行動に日本の基地が使われている場合、日本の安全に関する事柄であれば日本との関係におけるアメリカ側の一方的な集団的自衛権の行使である。日本の安全とは無関係である場合、日本はこれを自国に無関係な軍事行動として黙認する。米軍基地および米軍の行動は、基本的に日本国憲法とは無関係であり、日米安保条約に関しても単に事前協議という手続きをとるだけで実質的な関与はない、というわけである。結局、実質的には米軍の基地の自由使用と大差がない。その代りに、ベトナム戦争の現実が進行中の時代にあって、在日米軍が日本から離れて行う戦争に、日本は一切関知しない、という突き放した議論がなされたわけである。

一九六九年二月一九日の国会で、高辻は次のように答弁した。「集団的自衛権というものは、国連憲章五十一条によって各国に認められておるわけでございますけれども、日本の憲法九条のもとではたしてそういうものが許されるかどうか、これはかなり重大な問題だと思っております。われわれがいままで考えておりますことから申しますと、……他国の安全のためにたとえその他国がわが国と連帯関係にあるというようなことがいわれるにいたしましても、他国の安全のためにわが国が兵力を用いるということは、これはとうてい憲法九条の許すところではあるまいというのが、われわれの考え方でございます(14)」。

一九六九年三月五日、外務大臣の愛知揆一は、「観念的には五十一条の個別的自衛あるいは集団的自衛というものは分けて考えられるかもしれませんけれども、私は実際問題としては同じ範疇に入るものではなかろうかと、かように考えております。……守るべき安全ということについていかに対処するかということについては、同じような範疇で考えていいのではないかと思いますが、……日本憲法によれば、海外派兵というものはできない、これはまた厳然たる事実であると思います」。すると割って入るように、その直後に高辻が発言した。

念のために幾らか補足をさせていただきますが、……わが憲法で考えておりますのはあくまでも個別的自衛権のほうに限定をされておるというのがきわめて明白に申し上げたいところの一点でございます。……いわゆる集団的自衛権、わが国が、これはかってな話かもしれませんが、わが国が集団的自衛権の恩恵を受けるのはともかくとして、わが国が他国の安全のために兵力を派出してそれを守るというようなことは憲法九条のもとには許されないであろうという趣旨で、集団的自衛権というものは憲法九条で認めておらぬだろうというのがわれわれの考え方でございます[15]。

さらに高辻は、個別的自衛権に対しても憲法上の制約がかかるので、海外派兵は許されないと述べ、「日本国憲法がこういう厳格なものであるということで、われわれとしては実はそれで足りるわけで、外国がどう言おうと、一国の根本規範である憲法を、われわれは自信をもって、それを主張すれば十分ではないか。かりにこういう条約にそういうものがあるからと言って、その点が変わることは毛頭ない[16]」と答弁した。それでは返還後の沖縄についても自信をもった主張ができるかと言えば、それは不透明な状況であった。佐藤は、返還後の沖縄には憲法が適用されない「特別地域」を設定せざるをえないのではないかと示唆しつつ、自分自身は何とか設定しないで済ませられないかと考えていると答弁していた[17]。

「他国の防衛のために武力を行使するというのは、憲法がそこまでは認めていないだろう……集団的自衛権の行使にわたるような相互防衛条約は結べない[18]」と高辻は説明し、日本の安全に関わらない案件は日米安保条約で日本が関与する枠の外であると説明した。返還前の沖縄は、まさに日米安保条約の枠の外であった。それではどのようにしたら沖縄の返還を達成できるのか。同じ一九六九年三月一〇日の国会答弁において佐藤首相は、「沖縄はアメリカの施政権下にある、そうして沖縄を自由に使っておる、そういう状況」が沖縄返還後も持続するのであれば、安保条約の改定が必要になる。逆に「沖縄が本土に返ってくれば、当然日本の憲法も、また安全保障条約もその地域にそのまま適用になる」(19)と述べ、後者にそって「核抜き、本土並み」を沖縄返還交渉の基本方針としたいと、初めて公に発言した。

沖縄はベトナム戦争の米軍出撃基地であった。B52が嘉手納基地に常駐して連日ベトナムへの爆撃を続けていた。通常は、戦争に使われることを知っていて基地を提供するのは、戦争行為への支援であり、集団的自衛権の行使に該当する。それにもかかわらず内閣法制局は、憲法が禁止している集団的自衛に日本が参加することはできず、沖縄が返還されてもそれは同じだ、という主張を展開した。実際には、佐藤は、核持ち込みに関する密約を交わすことによって、公式には「特別地域」設定がない沖縄の返還を達成する。佐藤は、基地の自由使用を認めず、返還後は日米安保条約にのっとって事前協議が必要になるという立場をとった。しかしすでに見たように、事前協議では日本国憲法を適用して米軍の行動を審査するわけではないので、実際には自由使用を黙認する仕組みだと言っても過言ではなかった。そのとき、黙認するアメリカの軍事行動——たとえば北ベトナムへの空爆——は、少なくとも集団的自衛権を一切行使しない日本から見れば、アメリカが勝手に行っている行為であり、日米安保条約を通じて日本が関与している要素などは一切ない単なる外国軍の行為にすぎないものだというわけである。

高辻は別途述べていた。「国連憲章にいいますところの個別的自衛権、それと、日本国憲法上認められておりますところの自衛権というものは、少なくも性格が同じものであろう」[20]。当時の時代背景を考えれば、日本の集団的自衛権行使の否定は、つまり日本がベトナム戦争に参加する可能性を否定することであった。一九六九年以降の佐藤政権は、高辻を通じて、憲法は集団的自衛権を認めていないという結論を強調していった。ベトナム戦争によって悪化した集団的自衛権のイメージと、反安保・反返還運動が興隆して東大安田講堂事件が進行中であった当時の世情不穏を考えれば[21]、まずは憲法が認める自衛権は個別的自衛権のみで集団的自衛権発動の可能性はない、と断言することに、大きな政治的意味があっただろう。佐藤首相は内閣法制局の憲法解釈を尊重するように振る舞ったが、それは法制局の法的見解を佐藤が政治的に欲していたことの裏返しでもあったはずだ。

佐藤首相がニクソン大統領と出した一九六九年一一月の共同宣言では、朝鮮半島の緊張状態により韓国の安全が脅かされることは、日本自身の安全にとっても重大事であることが確認された。佐藤は、韓国に対する武力攻撃が発生し、在日米軍基地が戦争作戦行動の発進基地として使用されなければならなくなったときには、日本は事前協議で「前向きかつ速やかに態度を決定する方針である」と述べた[22]。韓国・台湾条項は、「日本が事前協議制の緩和という高いコストを受け入れることで、国内の自主防衛論を抑制し、米国軍部の同意を取り付けるもの」であった[23]。しかも沖縄の米軍基地「自由使用」を容認する「特別取り決め」を設定するためには国会の承認を要するというのが一般的な見方だったのに対して、共同声明であれば行政府の裁量権で行えるという計算によって行われたものであった[24]。ただしこうした日本の対米連携は、「わが国の防衛は専守防衛を本旨とする」という立場を前提にしたものであった[25]。日本はアメリカの軍事行動を阻害したりはしないが、集団的自衛権を行使しないため、積極的には何もしないのであった[26]。このような態度が許されたのは、アメリカ側に「佐藤訪米の延期は、佐藤首相の政治生命を絶ち、自民党を分裂させ、米国に非協力的な政権が生まれ、日米同盟は深刻なダメージを受ける」との冷戦時代に特有の懸念があったからにほかならない[27]。

一九七一年に起こった訪中宣言とドル・金兌換停止宣言の二つの「ニクソン・ショック」は、日本に事前通告が一切なかったため、政府内に激震を走らせた。沖縄返還を約したときの繊維交渉における日本側の妥協の密約を佐藤首相が反故にしたことを恨み、ニクソンとキッシンジャーが日本に報復したのだとも言われる[28]。田中角栄は、七二年七月六日の首相就任直後から、アメリカを追い抜くように中国に急接近し、早くも九月二九日に日中国交回復を実現した。キッシンジャーはアメリカに先駆けて日本が中国と国交回復を実現することがないように田中に強く働きかけたが、田中は相手にしなかったという[29]。当時、日米関係はぎこちなさを見せていた。一九七二年政府見解は、こうした情勢の中で、作られた。

第二節　一九七二年政府見解

一九七二年政府見解は、同年九月一四日の参議院決算委員会で水口宏三議員（社会党）の要求にこたえる形で、一〇月一四日に提出された資料で明言されたものであった。同年五月一五日の沖縄返還から五カ月後、田中角栄の首相就任（佐藤栄作政権・高辻内閣法制局長官の退陣）・吉國一郎内閣法制局長就任から三カ月後のことであった。その内容は以下のとおりである。

国際法上、国家は、いわゆる集団的自衛権、すなわち、自国と密接な関係にある外国に対する武力攻撃を、自国が直接攻撃されていないにかかわらず、実力をもって阻止することが正当化されるという地位を有しているものとされており、国際連合憲章第五一条、日本国との平和条約第五条（C）、日本国とアメリカ合衆国との間の相互協力及び安全保障条約前文並びに日本国とソヴィエト社会主義共和国連邦との共同宣言 三第二段の規定は、この国際法の原則を宣明したものと思われる。そして、わが国が、国際法上右の集団的自衛権を有していることは、主権国家である以上、当然といわなければならない。

　ところで、政府は、従来から一貫して、わが国は国際法上いわゆる集団的自衛権を有しているとしても、国権の発動としてこれを行使することは、憲法の容認する自衛の措置の限界をこえるものであって許されないとの立場に立っているが、これは次のような考え方に基づくものである。

　憲法は、第九条において、同条にいわゆる戦争を放棄し、いわゆる戦力の保持を禁止しているが、前文において「全世界の国民が……平和のうちに生存する権利を有する」ことを確認し、また、第一三条において「生命、自由及び幸福追求に対する国民の権利については、……国政の上で、最大の尊重を必要とする」旨を定めていることから、わが国がみずからの存立を全うし国民が平和のうちに生存することまでも放棄していないことは明らかであって、自国の平和と安全を維持しその存立を全うするために必要な自衛の措置をとることを禁じているとはとうてい解されない。しかしながら、だからといって、平和主義をその基本原則とする憲法が、右にいう自衛のための措置を無制限に認めているとは解されないのであって、それは、あくまでも外国の武力攻撃によって国民の生命、自由及び幸福追求の権利が根底からくつがえされるという急迫、不正の事態に対処し、国民のこれらの擁利を守るための止むを得ない措置としてはじめて容認されるものであるから、その措置は、右の事態を排除するためとられるべき必要最小限度の範囲にとどまるべきものである。
そうだとすれば、わが憲法の下で武力行使を行うことが許されるのは、わが国に対する急迫、不正の侵害に対処する場合に限られるのであって、したがって、他国に加えられた武力攻撃を阻止することをその内容とするいわゆる集団的自衛権の行使は、憲法上許されないといわざるを得ない。(30)

この七二年見解文書に関して第一に指摘できるのは、「わが国がみずからの存立を全うするために「自国の平和と安全を維持しその存立を全うするために必要な自衛の措置をとる」という、「国家」が主語となった論理構成で自衛権が擁護されていることだろう。ここで「国権の発動として」という文言は、国家が自分自身を守る際に依拠する自然権的な権利というような趣旨で用いられているのだろう。国家法人説の擬人法的な発想にもとづいて「国家が自分自身を守る自然権」だけが基本権として認められるという論理構成になっている。

第二の特徴として、七二年見解において、「必要な自衛の措置」は「必要最小限度の範囲にとどまるべき」なので、集団的自衛権は違憲だ、という論理構成が定まったことを指摘できる。国家が自分自身を守るのが自然権的な国権であり、したがって「必要最小限」で「憲法が容認する措置」だという確信に訴える表現があるだけである。

特徴の第三は、憲法一三条を根拠にした自衛権の擁護をしていることである。初めて集団的自衛権に関する政府見解を文書にするにあたり、憲法典上の根拠を示す試みがなされたわけである。だが序章で紹介した佐藤達夫の議論のように、憲法一三条だけでは集団的自衛権違憲論を導き出せないことも示唆されている。

なおたった五カ月前であれば、返還前の沖縄の住民には日本国憲法が適用されなかったため、沖縄への攻撃が発生して「潜在的主権」への侵害があっても、「生命、自由及び幸福追求に対する国民の権利」への侵害は認められなかった。しかし事情は変わった。沖縄まで個別的自衛権でカバーした上で、集団的自衛権は行使できない、という見解を出すことができるようになった。

非常に興味深いのは、この資料提出にいたった参議院決算委員会での質疑応答のやりとりである。水口議員は、労働組合が基盤の社会党議員であった。水口は、集団的自衛権を否定するというよりも、個別的自衛権を含めた自衛権にもとづく戦力の保持を否定する社会党の「武力なき自衛権」の立場をとっていた。その観点から、集団的自衛権は違憲で、個別的自衛権だけは合憲だと主張する政府の立場を批判しようとしたのであった。水口は、内閣法制局長官の答弁について、「憲法論と政策論がどうもごっちゃになっていると思う」と述べた。なぜなら集団的自衛権について「憲法では何らその点については触れていない」からである。「自衛権そのものすら憲法では規定をしていない」。水口は続けた。「行使しないというのは、これは憲法論ではなくて政策論なんです。憲法にそんなことは全然書いていない」。[31]

水口は同年五月にすでに「韓国条項」に関するやり取りで、「韓国が軍事攻撃を受けた場合には当然日本は集団自衛権を発動して韓国に自衛隊を送るわけですか」という質問をしていた。そこで高島益郎・外務省条約局長が、日本は集団的自衛権を持っているが、「集団的自衛権を日本として行使するつもりは毛頭ない」と答弁すると、水口は「これは政策論ですよ。政策論と憲法論とは全く違いますよ、これは」と反応したのであった。[32]そこで内閣法制局の真田次長が登場し、「憲法九条が許しているのはせいぜい最小限度のものであって、わが国自身が侵害を受けた場合に、その侵害を阻止し、あるいは防ぐために他に手段がない、そういう場合において、しかもその侵害を防止するために必要最小限度の攻撃に限って行なってもよろしいと、いわゆる自衛権発動の三要件とか、三原則とか申されておりますけれども、そういうものに限って、そういう非常に限定された態様において、日本も武力の行使は許されるであろうというのが政府の考え」だと述べ、「最小限度」論を展開した。そこで水口はすかさず、三要件は政府が自衛権発動の要件として設定したものにすぎず、集団的自衛権が違憲であることの証明にはならない、と指摘した。[33]

ちなみに「自衛権発動の三要件」とは、一九五四年に、佐藤達夫・内閣法制局長官が、次のように答弁したことに由来するとされる。「私どもの考えておるいわゆる自衛行動と申しますか、自衛権の限界というものにつきましては、……急迫不正の侵害、すなわち現実的な侵害があること、それを排除するために他に手段がないということと、しかして必要最小限度それを防禦するために必要な方法をとるという、三つの原則を厳格なる自衛権の行使の条件と考えておるわけであります[34]」。一九五六年三月六日参議院内閣委員会において、船田中防衛庁長官も次のように発言した。

自衛権ということは、結局国の正当防衛権、個人についても、御承知の通り不当な侵害を受けたという場合におきましては正当防衛ができるわけでありますが、自衛権はその正当防衛権である。かように私は考えるのでありまして、従って急迫不正の侵害に対しましてわが国を防衛するために、ほかに手段がないという場合におきまして、これを防衛するために必要最小限度の実力を行使する、これが私は自衛権であると考えます[35]。

すでに繰り返し指摘している国家を擬人化して見る「国内的類推」が純粋な形で表明されたのが、従来の自衛権行使三要件の起源であった。いずれにしてもそれは政府が自らに課した自衛権行使の条件であって、憲法典が政府に課しているものではない。「我が国に対する」という限定をかけて「三要件」を設定したのは、内閣法制局に他ならない。その内閣法制局が、「三要件」があるので、「我が国に対する攻撃があった場合にしか自衛権を発動できない」と論じるのは、単なるトートロジーであろう。村瀬信也教授が言うように、一連のやりとりにおける「水口議員の指摘は、いずれも正鵠を得ている」[36]。

水口は、次のように述べた。「一応自衛の三原則というものをつくった。これはかってに内閣がつくったんでしょうね。憲法の問題ではございません、憲法には自衛三原則なんて何もないんですから。……憲法の解釈でいつでも変わる問題。むしろ基本的な考え方自身は、これは個別的自衛権の発動の場合の三原則でしょう、このあなたがおっしゃった三原則というのは」。これに対して真田は、「先ほど来申しましているのは私たちの憲法の九条の解釈でございます。先生のおっしゃるのはまた先生のほうの御解釈だろうと思いまして、これはもう見解の相違と言うよりほかしょうがないのでございまして、ここで私が、それじゃあごもっともでございますということを言って、私の見解を変えるということができるようなしろものでないことはおわかりだろうと思います[37]」と答えた。

水口は、一九七二年五月一八日にも、佐藤栄作総理大臣との間でやり取りを続けた。「韓国の安全と日本の安全が密接であるということを前提にするならば、韓国が武力攻撃を受け、そうして韓国自身が安全を脅かされている状況、これは即日本の安全に大きな脅威を与えられていると、こう考えるのが私は常識論だと思うんです。……これはまさに集団的自衛権発動のむしろ必要かつ十分な条件ではないか」。すると佐藤は、従来の自衛権行使に対する制約の範囲は変わらないという趣旨で、ずれのある答弁を繰り返した。「私どもはそれが個別の自衛権であろうが集団自衛権であろうが、その範囲にとどまることはもう誤解はないと思っております」。水口はあらためて質問した。「自衛隊法の中には海外出動あるいは海外派兵、集団的自衛権に関する何らの規定がないわけですから、当然自衛権としての集団的自衛権の発動として、現在の自衛隊法においても、日本の自衛隊が韓国に出ていく可能性というものは十分あり得るわけですね」。佐藤は憲法論は避けながら、そのような海外派兵の可能性はないということを強調した。(38)

第三節　一九八一年政府見解

一九八一年五月に稲葉誠一・衆議院議員が提出した「憲法、国際法と集団的自衛権」に関する質問に対する「答弁書」は、「政府の集団的自衛権概念の定義」として繰り返し参照される文書である。(39)その内容は以下の通りであった。

我が国が、国際法上、このような集団的自衛権を有していることは、主権国家である以上、当然であるが、憲法第九条の下において許容されている自衛権の行使は、我が国を防衛するため必要最小限度の範囲にとどまるべきものであると解しており、集団的自衛権を行使することは、その範囲を超えるものであつて、憲法上許されないと考えている。(40)

つまり日本政府としては、「必要最小限度の範囲」が個別的自衛権の行使という概念で説明される範囲と一致するため、集団的自衛権の行使は「必要最小限度の範囲」を超えると定義されると考えるのだという。ここでは、なぜ「必要最小限度」が「個別的自衛」と合致すると言えるのかについてなどの点に関する説明は、もはや全くなされなくなってしまった。「個別的自衛権」と「集団的自衛権」のそれぞれに「必要最小限度」があるという考え方も、放棄された。そうではなく、どちらか一方が「必要最小限度」で、もう一方が「必要最小限度」ではない、という形で区切りがつけられることになった。

一九八六年三月、公明党の二見伸明議員は衆議院予算委員会において、次のような質問を行った。「今後、必要最小限度の範囲内であれば集団的自衛権の行使も可能だというような、そうしたひっくり返した解釈は将来できるのかどうか」。これに対して、当時の内閣法制局長官であった茂串俊は、「必要最小限度の範囲を超えるような集団的自衛権はあり得ない」と答弁した。そこで二見は、再質問する。「集団的自衛権というのは、すべて必要最小限度の範囲を超えるものだというわけですか」。茂串は繰り返した。「他国に加えられた武力攻撃を実力をもって阻止するということを内容とする集団的自衛権の行使は、憲法上許されないということを従来から明確に述べているわけでございます[41]」。

二〇〇四年一月、当時は自民党幹事長であった安倍晋三が衆議院予算委員会で次のような質問をした。「わが国を防衛するため必要最小限度の範囲にとどまるべきものである」というのは、「数量的な概念を示しているわけでありまして、絶対にだめだ、こう言っているわけではないわけであります。とすると、論理的には、この範囲の中に入る集団的自衛権の行使というものが考えられるかどうか」。これに対して当時の秋山収・内閣法制局長官は、いずれにせよ集団的自衛権行使の可能性はない、という答弁をした。そこで安倍は、一九六〇年当時の岸首相の答弁や、新ガイドライン審議中の高村外務大臣の答弁において、集団的自衛権の「中核概念」が実力の行使だと表現されていることを参照し、「それ以外の行為については集団的自衛権の行使としてもこれは考え得る、行使することを研究し得る可能性はあるのではないか」と質問をした。そこで秋山は、次のように答弁した。一九六〇年に「法制局長官が、例えば日米安保条約に基づく米国に対する施設・区域の提供、あるいは侵略を受けた他国に対する経済的援助の実施といったような武力の行使に当たらない行為について、こういうものを集団的自衛権というような言葉で理解すれば、そういうものは私は日本の憲法の否定するものとは考えませんという趣旨の答弁をしたことがございます。この答弁は、当時の状況において、……その言葉に多様な理解の仕方が当時は見られたことを前提といいたしまして、……そういうものを集団的自衛権という言葉で理解すれば、そういうものを私は日本の憲法は否定しているとは考えませんと述べたにとどまるものと考えております。現在では、集団的自衛権とは実力の行使に係る概念であるという考え方が一般に定着しているものと承知しております」[42]。

注目すべきことに、秋山は、集団的自衛権が部分的に行使可能であるという理解は、集団的自衛権が実力の行使に係る概念であるという理解が定着したことによって否定される、と論じたわけである。つまり集団的自衛権の全てが違憲であるのは、かつて行使可能とも言われた部分の集団的自衛権を集団的自衛権ではないと考えることによってなのである。自衛権が実力の行使だけに係るならば、数多くの憲法学者がとる通説である「武力なき自衛権」なども、そもそも自衛権の理解のところで間違っていた的外れな立場だということだろう。自衛隊は合憲、海外派兵は違憲、が伝統的な政府の立場だったが、個別的が合憲、集団的が違憲、と決めてしまった以上、面倒な議論があるのであれば、そもそもの概念設定のところを整理したほうが良いのだろう。二〇〇四年の秋山の答弁は、「日本政府が理解する意味での集団的自衛権を日本は行使できない」と言っているにすぎないことになる。結論があって、推論があるのである。

それにしても平時にわざわざ（日本をこえて少なくとも極東全体をにらむ）「米国に対し施設区域を提供して」おいて、その米軍施設が攻撃されるならば日本への攻撃とみなして反撃するといった行為は、本当に「我が国を防衛するため必要最小限度の範囲」の出来事なのだろうか。それは、かつて砂川事件において大きな論点となり、「伊達判決」においては、日米安保条約を違憲だとする根拠となった問題点であった。個別的なら合憲、集団的なら違憲、という内閣法制局の見解が確立されていなかった時期には、「伊達判決」のような憲法論にももう少し配慮がありえただろう。しかし今や、集団的でなく個別的だから、という素っ気ない理由づけだけで、「必要最小限度の範囲」内の証明になると説明されてしまうのであった。

稲葉誠一議員は、一九八〇年に「自衛隊の海外派兵・日米安保条約等の問題に関する質問主意書」を提出し、次のような質問を行っていた。「我が国憲法・国内法でいう自衛権の限界の範囲及びその基準を示されたい。その際、限界を超えるとはいかなる事態をさすのかを説明されたい(43)」。これに対して鈴木善幸首相名で出された政府答弁書は、「我が国の自衛権の行使は、我が国を防衛するため必要最小限度の範囲にとどまるべきものであると解している。したがつて、例えば集団的自衛権の行使は、その範囲を超えるものであつて憲法上許されないと考えている」と答えていた。さらに興味深いことに、この答弁書において政府は、日米安保条約の評価をめぐる稲葉議員の質問に対して、次のように回答している。

我が国は、日米安保条約を基礎とする日米友好協力関係を我が国外交の基軸とし、民主主義と自由主義経済体制を共有する諸国の一員として国際社会における我が国の地位を確立することにより、これらの諸国との間においてのみならず、体制を異にする諸国との間においても、積極的な外交を展開し得た……。このように安定した対外関係の確立と安全保障の確保があつてこそ、我が国は、内政の充実を図るとともに経済的発展を達成し得たと認識している。……日米安保条約は……我が国にとつて積極的な役割を果たしてきている……。戦後今日まで我が国が戦争や紛争に現実に巻き込まれるような事態はなかつたと考えるが、これは、ひとえに右に述べたような、我が国の安全保障政策が当を得たものであつたからであると考える。(44)

サンフランシスコ講和条約から三〇年、新安保条約の締結から二〇年以上の月日が流れ、その間に奇跡的な経済発展を経験した後、かつて安保闘争が起こっていたような時代には考えられなかったような日米安保条約に対する自信を、日本政府は持つようになっていた。憲法学者であればまだ、日米安保条約の違憲性を訴え、「日本が自らの意志や利益に反して、アメリカが行う大規模戦争に巻き込まれる危険性」にまで警鐘を鳴らしていた。(45)しかし政府も、そして世論も、日米安保条約が何であろうとも、とにかく日本はその体制で上手くやってきた、今後も同じ体制で上手くやるべきだ、といった風潮に大きく流れていた。こうした気持ちの表現が、集団的自衛権違憲論による軽武装路線の維持という政策に反映されていたと言えるだろう。

こうした日本国内の風潮に応じて、貿易赤字に苦しんでいたアメリカの側では、一九七〇年代以降、「日本は安保条約にただ乗りしている」、という批判の声が強くあがっていくことになる。日本政府は、集団的自衛権は行使できないという立場を強調しつつ、小出しにアメリカの歓心を得る努力を繰り返した。一九七〇年代以降の集団的自衛権禁止確立の時期は、個別的自衛権を行使する想定範囲の拡大の時期でもあった。「極東有事においてアメリカ軍の増援部隊を自衛隊が公海上において支援すること」、「日本に対し、食料、資源等を輸送している外国船を守ること」、などは、個別的自衛権の問題だと説明された。「P３C対潜哨戒機、OTHレーダー等で得た自衛隊の情報をアメリカ軍に提供すること」、「在日米軍経費負担及び極東有事の際の便宜供与」は、実力行使ではないので集団的自衛権の行使に該当しないと説明された。いずれの場合でも、政権側が実施したい方策について、「集団的自衛権ではない」という論拠によって、違法性を阻却する証明の代わりとされてしまっていることが目を引く(46)。

冷戦期の日米同盟体制においては、集団的自衛権ではない、ということが、政策実施のための合法性チェックの試金石として使われた。当時は、それが日米安保体制を憲法九条の枠組みの中で維持するための方策であると信じられていたのであり、奇跡の経済成長をさらに何十年も続けて日本が繁栄していくための方策だと信じられていたのであった。

第五章

冷戦終焉は何を変えたのか？

——一九九一年湾岸戦争のトラウマと同盟の再定義

冷戦時代の状況を前提とした集団的自衛権の全面否定による日米安保体制の運営方法は、冷戦が終焉したときに、限界を露呈することになった。たとえ日本が集団的自衛権を行使しなくても、日本に基地を維持できていればアメリカは満足し、条約の「双務性」は確保されるという前提は、冷戦の終焉とともに消えた。一九九一年湾岸戦争によるトラウマは、冷戦の終焉という構造的な要因によって引き起こされたものだったと言ってよい。もはや冷戦時代の高度経済成長も望めない中、日本は新しい時代に適応していくための苦闘を続けていくことになる。

第一節　冷戦終焉と日米同盟の行方

一九八五年に「プラザ合意」が結ばれ、冷戦体制下で輸出主導の経済発展を遂げる「自由主義陣営の工場」としての日本モデルは終焉していく。一ドル三六〇円の優遇固定相場の時代に達成された高度経済成長が再現できる見込みは霧散した。新しい時代の経済政策として、円高を背景にした空前のバブル景気が引き起こされた後、本格的な冷戦終焉後の世界の始まりとともに、一九九〇年代初めにバブルもはじけ飛んでいく。

アメリカの態度は、冷戦初期の「自由主義陣営の工場」として日本を反共の砦として擁護する時代におけるものとは大きく異なってきた。少なくとも経済面においては、日本は対抗する競争相手だという認識は、アメリカ国内で広く共有されるようになった。今にして思えば、日本の共産化を防ぐことにアメリカの対日政策の主眼が置かれていた冷戦初期の一九五〇年代・六〇年代が、むしろ例外的な時代であった。国際政治学の観点から見れば、日本経済の停滞は、冷戦の終焉によってもたらされた。日本の高度経済成長は、二度と訪れることのない特異な時代環境の中で達成されたものであった。日米同盟は、一九七〇年代からすでに、実は新しいやり方でないと円滑に維持できないものになっていたが、その傾向は、冷戦終焉によって、劇的に高まった。

一連の政府見解にまとめられた集団的自衛権行使違憲論は、軽武装で日米同盟の尊重という外交政策が、日本の経済発展を推進したものであり、成功モデルであるというよく広まった見方を背景に持っていた。しかしその外交政策は、特異な時代の条件において生み出されて進められてきたものであり、将来にわたっても全く同じように維持できることが保証されてはいなかった。そのため、外交政策に関心を持つ人々から、内閣法制局に対する不信感が募っていくこともまた必然であった。

広く知られているように、一九九一年の湾岸戦争に、日本は参加しなかった。ただし「集団的自衛権ではない」形として総計一三五億ドルにのぼる資金援助を行ったのだが、それはほとんど関係国に感謝されていないと言わざるを得ない状況に、日本の政策決定者たちは大きな衝撃を受けた。今日にいたるまで参照し続けられている、いわゆる湾岸戦争のトラウマである。冷戦期には、集団的自衛権行使の禁止を堅持することが、日米同盟を活用した軽武装化を通じて経済的繁栄を達成する基盤であるかのように感じられた。しかしそれは冷戦時代の古い考え方であったことが明白になったのが、湾岸戦争をめぐる経験であった。

湾岸戦争後、「国際貢献」の必要性をめぐる議論が盛んになり、一九九二年に「国際平和協力法」（ＰＫＯ協力法）が成立する。これによって初めて、国連平和維持活動等を通じて、日本の自衛隊が海外で活動する法的基盤が生まれた。一九九〇年にイラクがクウェートに侵攻した直後に審議された「国連平和協力法案」は、世論の圧倒的な反対もあり、廃案に追い込まれた。「日本が攻撃されていないにもかかわらず、『多国籍軍』の中心であった米軍に、日本が協力するということは、集団的自衛権の世界に踏み込むことにほかなら」ず、そもそも「後方支援活動」や「難民輸送」や「掃海艇派遣」が集団的自衛権に抵触しないはずはない、という憲法学者の意見も根強かった。(1) 当時の世論調査によれば、圧倒的多数が法案に反対であった。しかし湾岸戦争後、「金は出しても人は出さない」日本に対する国際的な風当たりが強いということが伝わると、世論は逆転した。湾岸戦争直後の一九九一年三月の避難民輸送のための自衛隊機派遣調査で支持者が反対者を上回り、ペルシャ湾への自衛隊の掃海艇派遣では支持者が過半数を超えた。自衛隊のＰＫＯ派遣についても、一九九一年以降は大多数が支持する傾向が続いている。(2)

「ＰＫＯ協力法」は、実はＰＫＯ以外の活動についても規定している法律である。国際人道支援や選挙支援活動が一つの法律の中に埋め込まれていることについて、必ずしも法理論上の必然性はないだろう。日本から見て、国際的な平和・人道支援活動と言えるもの（ただしＯＤＡ〔政府開発援助〕とＪＤＳ〔国際緊急援助隊派遣法〕に該当するものは除く）に関する諸規定を、一つの法律に盛り込んだのが「ＰＫＯ協力法」である。そのような雑多な諸活動を総称する既存の概念がなかったために「国際平和協力」という日本独自の概念を新規に作り出して法体系整備を行ったという実情がある。「国際貢献」をしなければならないという政治的要請に対応するために法律ができたため、既に存在している国際的な諸活動の体系にあわせて法体系のほうを整備することができなかったのである。「貢献」する日本中心の視点で作られた法律であり、貢献の窓口となる国際社会の仕組みに合わせた法律ではない。「湾岸戦争のトラウマ」の観点から言えば、日本の視点の中心には、実は常にアメリカとの同盟関係の維持がある。

「国際貢献」への議論の高まりと軌を一にして、一九九〇年代には、日米同盟の再定義の問題が発生した。一九九六年四月には「日米安全保障共同宣言――二十一世紀に向けての同盟」を受けて「日米防衛協力のための（新）指針」、いわゆる「日米新ガイドライン」が定められた。そしてその新ガイドラインにそって「周辺事態安全確保法」が一九九九年に成立した。憲法学者たちは、新ガイドラインの導入は、（違憲である）「集団的自衛権を認めることと紙一重の差しかなくなる」と警戒した[3]。また周辺事態法における「後方支援」が「結局は『集団的自衛権』の行使と同じになるのではないか」とも論じられた[4]。

二一世紀になってからは、PKO協力法の適用事例が減少し、代わって特別措置法が乱発される事情が示されることになる。二〇〇一年九月一一日のテロ攻撃によって、アメリカが対テロ戦争に乗り出すと、日本は同盟国として、最大限の「貢献」を果たそうとしたからである。ヨーロッパのNATO構成諸国は、集団的自衛権を発動して、軍事部隊をアフガニスタンに派遣し、軍事作戦を通じて貢献した。当時の小泉純一郎政権も迅速に動き、九・一一テロから二カ月もたたない一一月二日には「テロ特措法（平成十三年九月十一日のアメリカ合衆国において発生したテロリストによる攻撃等に対応して行われる国際連合憲章の目的達成のための諸外国の活動に対して我が国が実施する措置及び関連する国際連合決議等に基づく人道的措置に関する特別措置法）」が成立した。これによってインド洋における、護衛艦（イージス艦）によるレーダー支援や、補給艦による米海軍艦艇などへの給油等の支援活動が行われるようになった。アメリカのアフガニスタン攻撃を受けた活動であったが、集団的自衛権には該当しない活動だとされた。

なおテロ特措法は、二年間の時限立法であったが、延長が繰り返され、二〇〇七年まで小泉政権から第一次安倍政権にわたって続いた。しかし安倍の突然の辞意表明による国政の混乱によって延長が困難になり失効した。そのため「新テロ特措法（テロ対策海上阻止活動に対する補給支援活動の実施に関する特別措置法）」が二〇〇八年一月に成立し、再び二年間にわたってインド洋での補給活動が続けられた。しかしこれは二〇〇九年に誕生した民主党の鳩山由紀夫政権が延長をしない方針を固めたため、二〇一〇年に失効した。

小泉政権の下では、二〇〇三年に「イラク特措法（イラクにおける人道復興支援活動及び安全確保支援活動の実施に関する特別措置法）」も成立した。これによって陸上自衛隊が二〇〇三年一二月から二〇〇六年七月までイラクのサマーワに派遣され、「人道復興支援活動」と「安全確保支援活動」を行った。具体的には、現地住民に対する給水、医療支援、学校・道路・診療所等の公共施設の復旧・整備の活動であった。航空自衛隊は、二〇〇八年一二月まで輸送活動を行った。アメリカがイラクに攻撃・侵攻したことを受けた措置であったが、やはり集団的自衛権には該当しないとされた。

名古屋高等裁判所（青山邦夫裁判長）は、二〇〇八年四月一七日、自衛隊イラク派遣についての違憲の確認と派遣の差し止め、損害賠償を求めた原告の訴えに、原告全面敗訴の判決を下したが、傍論として、航空自衛隊部隊が多国籍軍兵士をバグダッドに輸送している事は「戦闘地域での活動」にあたるとし、「他国による武力行使と一体化した行動で、自らも武力の行使を行ったとの評価を受けざるを得ず、武力行使を禁じたイラク特措法に違反し、日本国憲法第九条に違反する活動を含んでいる」とした(5)。

なお二〇〇九年六月には、「海賊対処法（海賊行為の処罰及び海賊行為への対処に関する法律）」が成立し、ソマリア沖における海賊対策のために派遣された海上保安官を乗せた海上自衛隊艦船が、海賊行為をする目的で接近・付きまとい・進路妨害する海賊船を停船させるために武器を使用できることが明文化された。警告を無視して接近する海賊船の船体に武器を使用して海賊の身体に危害を与えた場合でも、海上保安官の違法性阻却事由が成立することになった。これにより海上保安官は、護衛する航行船舶に接近する海賊船への船体射撃を容易に実施できるようになり、外国船舶も護衛できるようになった。

このようにアメリカによる「対テロ戦争」に協力する目的を持って、自衛隊が海外に派遣されて後方支援活動を行う事例が、二一世紀になって相次いだ。その結果、対テロ戦争において、湾岸戦争時のような批判を日本が受ける場面はなかった。その反動で、特に陸上自衛隊がイラクに派遣されている期間、国連ＰＫＯへの部隊派遣を行う余力が持てないという理解にもとづき、自衛隊によるＰＫＯへの部隊派遣は回避された。二〇〇四年六月に東ティモールから施設大隊が撤収してから、南スーダンへの派遣が決定される二〇一一年末までの間、自衛隊の国連ＰＫＯへの参加は数名の司令部要員派遣などで継続されていたにすぎなかった。アメリカの「対テロ戦争」への協力が、国連ＰＫＯに対する協力よりも優先されたということである。

こうした一連の経緯を見ると、たとえばＰＫＯ協力法を通じた国連ＰＫＯへの貢献は、直接的な軍事支援ではない国際支援活動を通じた様々な「貢献」、という位置づけの中で見出された一つの活動にすぎないことがわかる。国連PKOそれ自体の重要性に着目して行うというよりは、日米同盟体制を枠組みとした国家体制の中で、日本に可能なもろもろの周辺的な国際貢献活動を行っているにすぎない。活動の優先順位が日米同盟体制の維持の観点から序列づけられていることに変わりはないのである。

日米安保条約は、冷戦時代の国際情勢を前提にして、反共同盟の構築として設定された。冷戦が終焉し、共産主義運動の脅威が過去のものとなった時代に、性格の変容を迫られることは必至であった。情勢が変わってもなお日米同盟体制を維持するのであれば、新しい性格の規定、および追加的な補強活動がなされなければならなかった。そのことは、たとえば、いわゆる「ジャパン・ハンドラーズ」と呼ばれる人々による、日本に対する集団的自衛権解禁への政策要請という形で、指摘され続けた。

すでに二〇〇〇年一〇月に発表された、いわゆる「アーミテージ・ナイ・レポート」、つまり『米国と日本　成熟したパートナーシップに向けて』において、「日本による集団的自衛の禁止は米日間同盟協力にとって束縛となっている」という指摘がなされていた。[6]二〇〇七年には、憲法改正をめぐる議論を歓迎する姿勢が示された。[7]そして二〇一二年においては、「集団的自衛の禁止は同盟の障害である」という見解が、率直に表明された。[8]こうした見解に接し、日本政府関係者は、日米同盟の円滑維持の観点から、アメリカのより踏み込んだ具体的な要請に対応する必要性を感じるようになった。それがつまり集団的自衛権の行使容認であった。

第二節　安保法制懇は何を論じたのか

安倍晋三は、首相就任前から伝統的な内閣法制局の集団的自衛権の違憲論に異を唱えていた政治家であった。そのため実は安倍は第一次安倍内閣の際に、すでに「安全保障の法的基盤の再構築に関する懇談会」を立ち上げていた。しかし安倍は、二〇〇七年の参議院選挙で敗北した後、健康問題を理由にして退陣してしまった。その後に首相に就任した福田康夫は、集団的自衛権の問題に全く関心を示さず、二〇〇八年に提出された懇談会報告書は棚上げにされた。その安倍が二〇一二年に首相に返り咲くと、やはり即座に安全保障の法的基盤の再構築に関する懇談会をほぼ同じメンバーで立ち上げた。その安保法制懇の報告書は、二〇一四年五月一五日に首相に提出された。

このように「懇談会」は二つの報告書を作成し、二つ目の報告書が安保法制につながっていったわけだが、二つを読み比べてみると、一つ目の報告書のほうが論旨は明快である。最初の報告書のほうが、メンバー間でなされた議論を反映したものだったという。二回目の報告書に関しては、安保法制懇のメンバーに対してすら徹底した情報統制がなされ、報告書内容は最終会合の当日に会議室に置かれただけで、事前配布もなされなかったという。取り仕切ったのは、安倍首相によって設置された国家安全保障局であり、谷内正太郎や兼原信克ら外務省出身官僚たちであった。(9)

「裏安保法制懇」の異名を与えられた会合が同時並行で進み、安保法制懇報告書の内容にも反映がなされた。自民党の高村正彦副総裁、公明党の北側一雄副代表、北側が招いた内閣法制局長官の横畠祐介、そして兼原が、頻繁に会合を開き、閣議決定にまで至る流れの骨子を決めていったのだという。(10)安保法制懇の意見に修正が施されたのは、公明党が内閣法制局と組んで、巻き返しの流れを作ったからであった。

二〇〇八年報告書と二〇一四年報告書とを比べてみたときに目を引くのは、安全保障の環境に関する記述である。第一に、「安全保障環境の変化」を強調する際に、二〇〇八年報告書は冷戦終焉後の安全保障の変化を強調していた。二〇一四年報告書で行われるような中国の脅威の示唆は、示されなかった。むしろ二〇〇八年報告書では、「安全保障上の脅威の多様化」が指摘され、大量破壊兵器、世界各地の内戦、テロが特筆されていた。第二に、「安全保障問題に対する国際社会としての共同対処の動きが強まってきている」ことが強調され、集団安全保障や集団的自衛権を根拠にした行動の活発化が強調された。この二つの観察にもとづいて、二〇〇八年報告書は、「日米同盟を更に実効性の高いものとして維持し、国際社会全体との協力をするための努力が求められている」と論じたのであった。

その文脈で、集団的自衛権行使を違憲とする見解により、「北朝鮮ミサイルを追尾する日米イージス艦の共同行動が行われているが、その際、我が国の海空自衛隊がこれを掩護できない」問題などを指摘し、日米同盟の信頼性の維持のために対処が必要だと論じた。たとえば後に安保法制懇も取り組むことになる米艦防護の論点についても、二〇〇八年報告書は、「我が国の国民の生命・財産を守るためには、日米同盟を効果的に機能させることが一層重要であり、米艦防護の問題も、同盟国相互の信頼関係の視点から考えることが基本的に重要である」と論じた。米艦防護は、「同盟国相互の信頼関係維持のために当然なすべきこと」だと明快に指摘された。

そもそも二〇〇八年報告書では、従来の内閣法制局の憲法解釈が間違っており、過去の政府の憲法解釈を変更すべきだ（是正すべきだ）という点において、より明確であった。そして、「我が国の安全保障戦略の基本」として、「自助努力によって効果的な防衛力を保持すること」、「日米安全保障条約を基礎とする日米同盟を維持・整備すること」、「国際社会に対する責務として、また、我が国自身の安全保障環境を改善するため、世界各地の紛争を解決し、国際の平和と安全のための国際社会の共同努力に貢献すること」の三つをあげるのだった。

二〇一四年に報告書を出す安保法制懇に与えられた課題は、すでに二〇〇八年報告書の段階で対応可能にするために憲法解釈を是正して法制度整備するべきだと論じられた課題であった。つまり、以下のような四つの状況に対応するための法整備面での準備であった。例示された状況とは、（1）公海における米艦の防護、（2）米国に向かうかもしれない弾道ミサイルの迎撃、（3）国際的な平和活動における武器使用、（4）同じ国連ＰＫＯ等に参加している他国の活動に対する後方支援、であった。

二〇一四年安保法制懇報告書の議論の流れは、法的制限のために政府が行うべき（行いたい）活動を行えていないという問題提起から始まり、次にそもそも憲法解釈は変遷してきたという議論を提示し、したがって現在の国際情勢に対応した変更が必要だ、という論法で展開している。安保法制懇については、首相が求める結論に権威づけをしただけだという批判も数多くなされたが、結論はすでに二〇〇八年に示していたわけなので、初めに結論ありき、は自明のことではあった。むしろ興味深いのは、それにもかかわらず、二〇〇八年報告書とは異なる趣旨の文章も織り交ぜられたところだ。

「憲法解釈の現状と問題点」と題された第一節は、次のような文章で構成されており、問題意識を鮮明にしている。「国家の使命の最大のものは、国民の安全を守ることである。その目的のために、外界の変化に対応して、基本ルールの範囲の中で、自己変容を遂げなければならない。更に言えば、ある時点の特定の状況の下で示された憲法論が固定化され、安全保障環境の大きな変化にかかわらず、その憲法論の下で安全保障政策が硬直化するようでは、憲法論のゆえに国民の安全が害されることになりかねない。それは主権者たる国民を守るために国民自身が憲法を制定するという立憲主義の根幹に対する背理である[11]」。

そこで安保法制懇報告書は、従来の内閣法制局の憲法解釈を批判する。「どうして我が国の国家及び国民の安全を守るために必要最小限の自衛権の行使は個別的自衛権の行使に限られるのか、逆に言えばなぜ個別的自衛権だけで我が国の国家及び国民の安全を確保できるのかという死活的に重要な論点についての論証は、……ほとんどなされてこなかった。……集団的自衛権の方が当然に個別的自衛権より危険だという見方は、抑止という安全保障上の基本観念を無視し、また、国際連合憲章の起草過程を無視したものと言わざるを得ない……。……『必要最小限度』の中に個別的自衛権は含まれるが集団的自衛権は含まれないとしてきた政府の憲法解釈は、『必要最小限度』について抽象的な法理だけで形式的に線を引こうとした点で適当ではない[12]」。

ポイントは、冷戦終焉後の世界においても、やはりなお日本はアメリカとの同盟関係を維持していくべきだ、ということにある。そのためにはアメリカの要求にも応えていかなければならず、部分的な集団的自衛権の行使くらいはしないと信頼感のある同盟関係は維持できない、ということにある。

我が国においては、この集団的自衛権について、我が国と密接な関係にある外国に対して武力攻撃が行われ、その事態が我が国の安全に重大な影響を及ぼす可能性があるときには、我が国が直接攻撃されていない場合でも、その国の明示の要請又は同意を得て、必要最小限の実力を行使してこの攻撃の排除に参加し、国際の平和及び安全の維持・回復に貢献することができることとすべきである。そのような場合に該当するかについては、我が国への直接攻撃に結びつく蓋然性が高いか、日米同盟の信頼が著しく傷つきその抑止力が大きく損なわれ得るか、国際秩序そのものが大きく揺らぎ得るか、国民の生命や権利が著しく害されるか、その他我が国へ深刻な影響が及び得るかといった諸点を政府が総合的に勘案しつつ責任を持って判断すべきである。(13)

「我が国の安全に重大な影響を及ぼす可能性がある」と判断する際に、政府が考慮すべき事項は、いずれも曖昧なものである。だが要するに、様々な考慮の対象になる事項を考慮した上で、「政府が総合的に勘案しつつ責任を持って判断すべき」ということを、安保法制懇は強調した。

こうした政治責任による判断を求める懇談会の報告書の趣旨は、いわゆる結果責任を求める態度である。懇談会で座長代理を務めて、実質的なとりまとめを行った北岡伸一教授は、戦前の陸軍の組織に関する研究実績を持つ。(14)北岡教授は、官僚組織化した陸軍が、主体的な判断を行うことができなくなり、戦争の泥沼にも入り込んでいってしまった過程について、強い問題意識を持っている。安保法制懇の報告書の作成にあたっても、戦前の陸軍によって象徴される官僚主義の悪弊を是正するという問題意識を持って書き上げたということだろう。

ただし安保法制懇の議論に対して、内閣法制局は、公明党という後ろ盾を得て、巻き返しを図った。安保法制懇の基本的な主張は、日本国憲法は国際協調主義にもとづく活動を禁止していない、というものであった。しかし結果として、この論理は、政府が採用するものとはならなかった。そして七・一閣議決定に至る集団的自衛権の限定的な容認に踏み切る政府の論理は、著しく曖昧模糊とした文章が積み重ねられたものになる。自民党・国家安全保障局が、公明党の合意を得るために、内閣法制局に譲歩したためである。「裏安保法制懇」は、過去の内閣法制局見解を否定したことにはならないという言い方で、なお首相の意向である集団的自衛権の容認を図ろうとした。内閣法制局は、集団的自衛権の限定容認という結果を首相に捧げつつ、内閣法制局の体面を保つ仕組みを作り出した[15]。

第三節　七・一閣議決定から安保法制へ

二〇一四年七月一日、安保法制に関する閣議決定がなされた。法案作成に向けて政府としての立場を表明するために、安倍首相が閣議決定を行うことにこだわったのだという。この時点で、公明党の立場も取り込んだ政府共通見解が策定され、その文言は実際の法案にも残っていくことになった[16]。

この閣議決定においても、まずは「重大な国家安全保障上の課題」が論じられた。興味深いことに、ここでは「国連軍」は実現のめどが立っていない、ということが述べられた上で、「冷戦終結後の四半世紀だけをとっても、グローバルなパワーバランスの変化、技術革新の急速な進展、大量破壊兵器や弾道ミサイルの開発及び拡散、国際テロなどの脅威」が起こっていることが指摘された。閣議決定は、二〇一四年安保法制懇報告書と比べると長い期間をとって「国家安全保障上の問題」を抽出し、あえて極めて最近の中国の海軍力の増強といった問題の明記は避けた。

七・一閣議決定は、「政府の最も重要な責務は、我が国の平和と安全を維持し、その存立を全うするとともに、国民の命を守ることである」という点を確認し、外交努力の重要性を述べた後、安保法制懇報告書の整理と同様に、「我が国自身の防衛力を適切に整備、維持、運用」、「同盟国である米国との相互協力を強化」、「域内外のパートナーとの信頼及び協力関係を深めること」という三つの位相で安全保障政策を充実させるべきことを謳った。その中で特筆されたのは、「我が国の安全及びアジア太平洋地域の平和と安定のために、日米安全保障体制の実効性を一層高め、日米同盟の抑止力を向上させることにより、武力紛争を未然に回避し、我が国に脅威が及ぶことを防止すること」であった。

なお「我が国の平和と安全を維持し、その存立を全うするとともに、国民の命を守る」という問題設定において、「我が国の存立」と「国民の命」が並置関係に置かれていることには留意してもいいかもしれない。いささか踏み込んだ解釈をするならば、「我が国」という集合体の実体性を自明視して「国民」と並置していることは、閣議決定が前提としている思考枠組みの特徴を示しているだろう。「国民の命」と並置される「国家の基本権」に通じる「我が国の存立」の概念は、安保法制懇報告書では必ずしも明示的に見ることがなかったものであり、閣議決定で強調されるに至ったものである。

閣議決定文はさらに、国際平和協力法の改正を伴う国連ＰＫＯへの参加拡充などの施策の方針を述べる。そのうえで「憲法第九条の下で許容される自衛の措置」と題された議論へと進んでいく。閣議決定によれば、「政府の憲法解釈には論理的整合性と法的安定性が求められる。」「従来の政府見解における憲法第九条の解釈の基本的な論理の枠内で、国民の命と平和な暮らしを守り抜くための論理的な帰結を導く必要がある」のだという。安保法制懇で示された従来の内閣法制局見解の否定は、内閣として採用しないことが宣言されたわけである。そして憲法九条の武力行使禁止原則は、憲法前文の「国民の平和的生存権」や憲法一三条の「幸福追求権」によって求められる自衛の措置を禁止していない旨が述べられる。ただしこの自衛の措置は、「あくまで外国の武力攻撃によって国民の生命、自由及び幸福追求の権利が根底から覆されるという急迫、不正の事態に対処し、国民のこれらの権利を守るためのやむを得ない措置として初めて容認されるもの」であり、そのための必要最小限度の「武力の行使」が許容されるだけなのだという。そこで閣議決定は、七二年政府見解に言及し、この論理が七二年から存在していたと主張する。

そのうえで、七・一閣議決定は、従来は「我が国の存立」は、我が国への攻撃によってのみ脅かされると考えていたが、「パワーバランスの変化や技術革新の急速な進展、大量破壊兵器などの脅威等により我が国を取り巻く安全保障環境が根本的に変容し、変化し続けている状況を踏まえれば」、「今後他国に対して発生する武力攻撃であったとしても、その目的、規模、態様等によっては、我が国の存立を脅かすことも現実に起こり得る」と論じた。

ここでも再び安保法制懇が否定されている。従来の内閣法制局見解は、過去の情勢に応じた判断としては正しかった、その論理は引き続き尊重される、という趣旨のことを、閣議決定が述べているからである。単に情勢が新しくなってきたので、同じ論理であっても新しい適用方法がありうるようになってきた、という立場を閣議決定はとっているわけである。あくまでも「現在の安全保障環境に照らして慎重に検討した結果」、次のように結論づけたのだという。

我が国と密接な関係にある他国に対する武力攻撃が発生し、これにより我が国の存立が脅かされ、国民の生命、自由及び幸福追求の権利が根底から覆される明白な危険がある場合において、これを排除し、我が国の存立を全うし、国民を守るために他に適当な手段がないときに、必要最小限度の実力を行使することは、従来の政府見解の基本的な論理に基づく自衛のための措置として、憲法上許容されると考えるべきであると判断するに至った。

注意すべきなのは、閣議決定は、国際法上の議論と憲法上の議論は異なるとしたうえで、国際法上は集団的自衛権の行使として分類される行為が、「憲法上は、あくまでも我が国の存立を全うし、国民を守るため、すなわち、我が国を防衛するためのやむを得ない自衛の措置として初めて許容される」のだと論じた点であろう。あえて国際法の議論ではなく憲法の議論として、と前置きをしたうえで、全ての議論を最終的に「我が国を防衛する」ことに帰結させていることには目を引かれる。

果たして「我が国の存立」は、憲法上の概念だろうか。果たして日本国憲法は、「我が国の存立」を追求することを憲法の目的として設定しているだろうか。それはむしろ国際法において設定される「自衛権」に議論を移したうえでの論理構成なのではないだろうか。憲法が定めているのは、あくまでもたとえば一三条の「生命、自由及び幸福追求に対する国民の権利」だけであり、単にそのために実施する政府の行動が義務化され、正当化されるだけだということではなかっただろうか。一九七二年に水口議員が繰り返し強調したように、個別的であろうが集団的であろうが、「自衛権」は憲法典が定めている概念ではない、ということ「我が国の存立」概念はどのような整合性が保たれるのだろうか。

閣議決定が示したのは、七二年内閣法制局見解は正しく、踏襲され続けるが、安全保障環境が当時と比べて変化したので、国際法において集団的自衛権と言われているものも行使が必要となった、という解釈であった。七二年見解は同じ論理構成で集団的自衛権の行使を否定する結論を導き出していたわけなので、果たしてそのような結論における相違を導き出すようなレベルの安全保障環境の変化なるものが起こったのかどうかが、判断のポイントになる[17]。冷戦終焉によって日米同盟の位置付けが変わってきたという構造的分析は捨象された。

最終的に成立した一連の法案においては、その代表的なものとしての自衛隊法の改正を見ると、七六条の自衛隊の出動命令の根拠に関する条項において、「武力攻撃事態等及び存立危機事態」の概念が挿入され、その説明として、「我が国と密接な関係にある他国に対する武力攻撃が発生し、これにより我が国の存立が脅かされ、国民の生命、自由及び幸福追求の権利が根底から覆される明白な危険がある事態」という文言が入った。

憲法一三条の規定に加えて、「我が国の存立」という抽象的な文言が挿入されたが、これは内閣法制局が長い伝統をかけて培ってきた国家の基本権による自衛権の正当化の部分である。本来は国際法の概念である「自衛権」を、内閣法制局は時間をかけて、国家法人説のような論理を駆使して発明した「憲法上の自衛権」に作り替えた。内閣法制局は、憲法典に根拠がない発明品としての「憲法上の自衛権」の概念は、遂に守り切ったのであった。

内閣法制局の伝統を守り抜きながら、首相が実施したい施策を実現する手助けをする、という二つのほぼ相反する極めて官僚主義的な願望を同時に満たす措置を、安保法制は取り込むことになった。法制整備がなされたという意味では、その願望は達成されたと言うこともできるのかもしれない。しかし論理のレベルで願望が達成されたと言えるのかどうかについては、大きな疑念が残ると言わざるを得ないと思われる。

安保法制懇の論理は否定された。[18] 内閣法制局の論理は否定されなかった。安倍首相の従来の主張はどこかに消えてしまった。しかし彼が実現したかった施策が実現されることになった。この措置によっていったい何が達成されるのか。いったいこの措置にどのような意義があるのか。

日米同盟の維持である。憲法九条の枠内での日米安保体制の維持である。従来の日本の国家体制を、冷戦が終焉して四半世紀たった現代においてもなお、維持するということである。そのことについて関係者は、それぞれ妥協を重ねた上で、合意し続けた。

論理は軽視された。結果が尊重された。繰り返そう。安保法制によって何が達成されたのか？　今後も憲法九条／日米安保体制を基軸とした既存の日本の国家体制の枠組みが維持される、という合意の維持が、達成されたのである。

終章

日本の立憲主義と国際協調主義

冷戦が終焉し、もはや反共産主義の論理では日米同盟を維持することができない時代となった。そこで同盟関係を維持するのであれば、さらにアメリカの利益につながる行動を日本がとる必要がある、という認識がいっそう広まった。そのための努力の一つが、安保法制であった。本書は、憲法九条と日米安保によって作られてきた日本の国家体制の歴史の観点から集団的自衛権を考えることによって、そのことを検証した。

二〇一四年に内閣法制局見解が否定されなかったことによって何が達成されたのか。内閣法制局見解は、「軽武装・経済成長」を至上の原理としていた時代に生まれたドクトリンであった。今日の日本からすれば、「内向き」の論理であり、およそ国際協調主義を追求するのに適しているとは言えないものだ。もしその論理自体は温存され、日米安保条約を維持するための技術論として集団的自衛権が部分的に容認されるだけなのだとすれば、今後も日本の「内向き」志向は続いていくだろう。

日本国憲法に「我が国の存立」概念を基礎づけることができる文言はない。憲法が依拠している「原理」は、政府が国民の福利を守るために行動する義務を負っているということであり、抽象的に設定された集合的人格である日本という国家の存立を守ることではない。しかし終戦直後に宮沢俊義が「八月革命」説を唱えて「国民主権主義」を擁護しようとした際、意思する実体としての「国民」が革命を起こして憲法制定権力を握ったという物語が導入され、日本国憲法は国民＝国家が、自らの意思に従って自らを守ることを正当化する装置となった。結果として、国際社会の中で日本がどう国際協調主義を発揮していくかという憲法の理念は軽視されることになった。

その際、かき消された戦勝国としての連合国の存在と、占領軍としてのアメリカ合衆国の存在は、日本の憲法体系からは隠されたままとなった。むしろアメリカの存在について語ること自体がタブー視され、憲法外の議論であるばかりか、違憲であるとさえ言われるようになった。実態として日本の国家体制の根幹を形成するものとして確立された日米安全保障条約は、しかしそのまま憲法の枠の外に存在するものとされた。憲法体制と安保体制という二つの国家体制の柱が、お互いを十分に意識しつつ、相互に無視しあうような「表」と「裏」の関係を形成する状態が生まれた。

また、「最低限の自衛権」の概念によって、自衛隊が擁護され、日米安保条約が擁護される過程の中で、「最低限」なことが合憲で、「最低限」ではないものが違憲だという発想が、日本の憲法をめぐる議論に広範に染みわたっていった。単に個別的自衛権が合憲で、集団的自衛権が違憲だ、という「線引き」が便宜的になされただけではない。海外で行うような活動は「最低限」とは言えず、日本国内で日本の事柄に専心することが「最低限」で合憲だ、という理解が、憲法解釈の通説として広まった。そこではもはや国際協調主義にしたがった行動が憲法の理念に合致し、国際協調主義に反することが憲法の理念に反する、といった議論を進める余地は全くなくなった。

さらに、日米安保体制に依存し、軽武装路線を継続することによって、高度経済成長を達成することができたという繁栄の神話が、半世紀以上にわたって日本人の思考回路を支配し続けてきている。半世紀前の当時の経済成長を再現することなどできるはずがないにもかかわらず、また冷戦下におけるアメリカの政策的態度も例外的なものにすぎなかったにもかかわらず、一九六〇年代の成功体験に浸かった発想からどうしても抜け出すことができない。二一世紀の今日であってもなおベトナム戦争に巻き込まれないように、繰り返しベトナム反戦運動を再興することを目指すような発想では、国際協調主義の可能性が軽視されることは、やむを得ないであろう。

こうした事態は、安保法制をめぐって高まった「立憲主義」をめぐる議論に対して、大きな意味がある。しばしば立憲主義とは権力に制限を課すことだ、と論じられた。しかし「Constitutionalism」とは、社会の構成原理は簡単に変更してはならない根本規範であるという信念のことであり、本来であれば、その根本規範には権力行使者だけでなく、一般国民も、服することになる。根本規範は、「我が国の存立」でも、永久継続革命でもない。憲法が定める根本的な社会構成原理、たとえば「生命、自由及び幸福追求に対する国民の権利」を擁護すること、である。政府は国民の信託を受けて、そのために最大限の努力をする義務を負っている。

今回の安保法制に、立憲主義的な論理の基盤は存在している。政府が安全保障上の措置をとることの説明として、憲法一三条に言及することは正当なものであろう。ただし、「我が国の存立」自体が、あたかも重要原理であるかのように錯覚するだけでは、あるいは主権者・国民がどこまでも権力者を制限していく物語を夢想するだけでは、日本国憲法が規定する社会構成原理は溶解し、立憲主義の危機が訪れるだろう。

もし国内の立憲主義において、真の社会構成原理に即した考え方が広まれば、同じ考え方にそった国際的な活動への関心も高まるだろう。今日の国際社会における国際貢献は、人権・人道を基盤としている。国内の立憲主義の整備こそが、国際的な立憲主義につながっていくはずだ。だが残念ながら、本書の歴史的分析からすれば、必ずしもそのような発展は約束されたものだとは言えない。

真の立憲主義があれば、自然に国際協調主義は発展していく。それが、日本国憲法が期待する論理だろう。二一世紀の日本が、国際社会の一員として発展していくためには、安保法制の議論をこえて、さらに憲法が目指す国際協調主義を進めていくことを目指すべきだ。

憲法九条／日米安保を支柱とした従来の国家体制は、必ずしも理想的な仕組みではない。しかし現実に数十年にわたって存在してきた国家体制の変革は、簡単ではない。日本の国家体制の仕組みを冷静に捉え直した上で、なおそこから発展しうる国際協調主義の可能性があるかどうか。真剣な検討を進めていく可能性はまだ残されていると考えたい。

注

◉序章

（1）中山俊宏は、憲法九条と安保条約の関係を、顕教と密教と呼ぶ。加藤典洋は、日本と米国が良きパートナーで、戦前と戦後は断絶しており、平和主義の憲法九条がある、というのが「顕教」の世界であり、対米従属、戦前と戦後の連続性、憲法九条下での自衛隊の米軍基地がある解釈システムが「密教」であるという。江藤淳によれば、日本が自衛権を行使できる、と考えるのが「顕教」であり、実際にはアメリカによって「主権制限」されているというのが「密教」である。中山俊宏「『衰退するアメリカ』のしぶとさ——日米同盟を『再選択』する」杉田敦（編）『グローバル化のなかの政治』（岩波書店、二〇一六年）、二一九—二二一頁。加藤典洋『戦後入門』（ちくま新書、二〇一五年）、三七七頁。江藤淳『一九四六年憲法——その拘束』（文藝春秋、二〇一五年）、八九—九四頁。

（2）藤田宙靖「覚え書き——集団的自衛権の行使容認を巡る違憲論議について」『自治研究』第九二巻第二号、二〇一六年二月号、四頁。

（3）長谷部恭男『憲法と平和を問い直す』（ちくま新書、二〇〇四年）。

（4）芦部信喜『憲法』新版補訂版（岩波書店、一九九九年）、六〇頁。ちなみにこうした「個別的自衛権」などへの言及は、たとえば京都大学教授の佐藤幸治が著した『憲法』（青林書院、一九八一年）などには見られない。芦部自身が、憲法の趣旨・目的を重視する解釈方法の東大系の憲法学派と、客観的な法文の意味を重視する京大系の憲法学派があると説明していたというエピソードは興味深い。高見勝利『芦部憲法学を読む——統治機構論』（有斐閣、二〇〇四年）、一六—二一頁。

(5) 樋口陽一『いま、「憲法改正」をどう考えるか――「戦後日本」を「保守」することの意味』(岩波書店、二〇一三年)。樋口陽一・小林節『「憲法改正」の真実』(集英社、二〇一六年)。
(6) 木村草太「『七・一閣議決定』を読む」『潮』二〇一四年九月号、八〇頁。
(7) 木村草太「集団的自衛権と七・一閣議決定」『論究ジュリスト』二〇一五年春号、第一三号、一三頁。
(8) 木村草太「文言の拡大解釈を防ぎ安保法案を憲法の枠内に」『第三文明』二〇一五年八月号、一三頁。
(9) 木村草太「インタビュー　安保法案のどこに問題があるのか」長谷部恭男(編)『検証・安保法案――どこが憲法違反か』(有斐閣、二〇一五年)、二六頁。
(10) 第一五六回国会衆議院二〇〇三年七月八日提出・質問第一一九号。
(11) 第一五六回国会衆議院二〇〇三年七月一五日受領・答弁第一一九号。
(12) 木村草太『集団的自衛権はなぜ違憲なのか』(國分功一郎と共著、晶文社、二〇一五年)、一七頁。
(13) 同右、三七―四一頁。
(14) 同右、一一七頁。
(15) 団藤重光『法学の基礎』(有斐閣、一九九六年)、三四三―三五一頁。
(16) 同右、三五四、三五六頁。
(17) たとえば自衛隊は「合法だが違憲」という小林直樹・東京大学法学部教授の説を題材にした憲法学者の無謬性の前提の批判としては、菅野喜八郎「自衛隊の『合法＝違憲』説所見」菅野喜八郎『続・国権の限界問題――純粋法学と憲法学』(木鐸社、一九八八年)所収。
(18) 高見勝利「集団的自衛権行使容認論の非理非道」『世界』二〇一四年一二月号、一八〇頁。
(19) 同右、一八〇―一八三頁。
(20) 佐藤達夫『憲法講話』(新版)(立花書房、一九八九年)(初版一九六〇年)、一七頁。

(21) 佐藤は九条二項の「戦力」は「近代戦争を遂行できるような実力」を指すので、「現在の自衛隊の装備編成を総合的にみた場合、まだ、近代戦遂行能力をもつとはいえない。……日本の防衛について、自衛隊では不十分であり、アメリカ軍のおかげでやっと安心感をえているという現実がその証拠ともいえよう。したがって、この程度では自衛隊はまだ『戦力』とはいえないから、憲法には違反しない」と一九六〇年の段階でなお述べていた。このような吉田茂内閣採用の自衛隊合憲論は、少なくとも「個別的自衛権であれば合憲」といった議論とは、全く異なっている。ちなみに宮沢俊義は、一九五〇年代の段階で、「その目的や、その内容から見て、自衛隊を軍隊(したがって、戦力)に該当しないと見ることはむずかしいだろう」と述べていた。宮沢俊義『憲法』第五版(有斐閣、一九五六年)、八三頁。なお、佐藤はこの文脈で一三条に言及し、「この条文からいうと、外敵の侵入によって国民の安全が害されるような場合、国は、あらゆる手段によってそれを撃退しなければならないことになる。その方からいうと、防衛のための実力は強ければ強いほどいいわけである。したがって、その意味では第一三条は国の戦闘力をおし上げる方向の要請を含んでいるわけである。しかし、それを手放しにしておいたのでは、もうひとつの憲法の理想となっている平和主義に衝突する。そこで、九条二項が頭うちとなる。すなわち、第九条第二項は最悪の一線を画したものであり、その一線をどこに引くかについては、第一三条の要請ともにらみ合わせなければならない」。佐藤『憲法講話』、一七頁。なお佐藤は法制局長官在任中の著作で、このような趣旨で一三条とあわせて二五条を列挙したことがある。佐藤達夫『戦力・その他』(学陽書房、一九五三年)、二三―二五頁。いずれにせよ佐藤は「戦力不保持」を定めた九条二項が一三条の要請との「線引き」で重要になるという論旨をとっていたのであり、それは個別的自衛権だけが合憲だという論理とは異なる。

(22) 高見、前掲論文、一八五―一八六頁。

(23) 高見勝利「集団的自衛権『限定行使』の虚実」『世界』二〇一五年九月号、七六―七七頁。

（24）佐藤幸治は、一三条を、アメリカ独立宣言のみならずロックの「生命、自由および財産」及びイギリス憲法としてのコモン・ロー上の具体的諸権利と関係していると説明する。佐藤幸治『現代法律学講座5 憲法』第三版（青林書院、一九九五年）、四四三頁。佐藤幸治『日本国憲法論』（成文堂、二〇一一年）、一七二頁。芦部信喜『憲法』第六版、八四頁。なお佐藤幸治は、憲法前文における「平和のうちに生存する権利」を自由権や社会権の基礎にある権利と位置付けつつ、「国家による積極的な国際平和維持のための努力ないし戦争回避行為」などを含む「それ自体としてはきわめて多様な内容をもつ」ものとする。佐藤『憲法』第三版、六四六頁。佐藤幸治「日本国憲法の成立とその原理」佐藤（編）『憲法Ⅰ総論・統治機構』（成文堂、一九八六年）、一一六—一二〇頁。

（25）山元一「日本国憲法がもたらしたもの」『潮』二〇一五年一〇月号、五〇頁。

（26）木村草太「安保法制の進路と憲法の未来」『潮』二〇一五年六月号、四〇頁。

（27）同右、四五頁。

（28）長谷部恭男・小林節（聞き手・朝日新聞論説委員・小村田義之）「安保法制は撤回せよ」『週刊朝日』二〇一五年六月二六日号、一七七頁。

（29）「長谷部恭男教授に聞く 安保法案はなぜ違憲なのか——「切れ目」も「限界」もない武力行使」『世界』二〇一五年八月号、五三頁。

（30）長谷部恭男「序論」『検証 安保法案 どこが憲法違反か』（有斐閣、二〇一五年）、一頁。

（31）長谷部恭男「集団的自衛権行使容認論の問題点」『自由と正義』第六五巻第九号、一〇頁。

（32）長谷部恭男「憲法制定権力の消去可能性について」長谷部恭男（編）『憲法と時間』（岩波講座憲法第6巻）（岩波書店、二〇〇七年）所収。

（33）山口響（ピープルズ・プラン研究所運営委員）「集団的自衛権に反対する論理——長谷部恭男の立憲主義

論・集団的自衛権論から考える」『季刊ピープルズ・プラン』第六五巻：リベラルの言説――批判的検証、七一頁。

（34）樋口陽一「戦争放棄」樋口陽一（編）『講座憲法学2　主権と国際社会』（日本評論社、一九九四年）、一二一―一一三頁。

◉第一章

（1）山田邦夫『シリーズ憲法の論点⑫自衛権の論点』（国立国会図書館調査及び立法考査局、二〇〇六年）、一三頁。

（2）芦田均「新憲法解釈」（一九四六年）芦田均『制定の立場で省みる日本国憲法入門』第一集（書肆心水、二〇一三年）所収、一〇二頁。自衛権留保の九条一項解釈に基づいて、「前項の目的を達するため」に戦力不保持を定めた九条二項にも自衛力保持の留保があるとみなすのが「芦田修正」に依拠した解釈である。芦田「制憲作業の内側からみる」（一九五八年）前掲書所収、五〇―五四頁。

（3）野中俊彦・中村睦男・高橋和之・高見勝利『憲法Ⅰ』第五版（有斐閣、二〇一二年）、一六八―一七三頁。

（4）佐藤『憲法』（一九八一年）、四四六頁。

（5）「『自衛権』の存在を肯定する立場に立った場合、その『自衛権』はしばしば国家固有のものとされるが、日本国憲法上は、それは、あくまでも国民の生命・自由・幸福追求の権利を確保するためのものである」。佐藤幸治「日本国憲法の成立とその原理」、一二七頁。

（6）「自衛権は、独立国家であれば当然有する権利である。国連憲章五一条において、個別的自衛権として認められている」。芦部信喜（高橋和之補訂）『憲法』第六版（岩波書店、二〇一五年）、五九頁。この記述に対する説明のようなものは施されていない。

(7) 大森政輔内閣法制局長官の発言。第一四五回国会参議院日米防衛協力のための指針に関する特別委員会会議録第四号、平成一一年五月一一日、五頁。

(8) Hedley Bull, *The Anarchical Society: A Study of World Order* (London: Macmillan, 1977).

(9) 田岡良一『国際法上の自衛権』新装版(勁草書房、二〇一四年)(初版一九六四年)。

(10) 「(自衛権を「固有の権利」とする憲章五一条は)自衛権を超実定法的な国家の自然権とみなすものではなく、あくまで国際慣習法の範囲内での基本権能をいうにすぎない。……国内社会では、法の執行手段が集権化され法益侵害の態様も特定されており、したがって正当防衛はやむをえずとられる例外的な自救手段である。これに対して国際社会では自衛権は、各国がひろくその権利・利益に対する重大な侵害(侵害法益の未分化)を排除するためにとりうる正当な手段」である。山本草二『国際法』新版(有斐閣、一九九九年)、七三二頁。

(11) 高見勝利「講座担任者から見た憲法学説の諸相――日本憲法学史序説」『北大法学論集』第五二巻第三号、八〇九頁。

(12) 秦郁彦(編)『日本近現代人物履歴事典』第二版(東京大学出版会、二〇一三年)、二七四、四六〇、三三三頁。なおその後も、一九七二年~七六年に内閣法制局長官を務めた吉國一郎(一九四〇年東大法学部卒業)をはじめとして、若干名の京大法学部出身者を除けば、ほとんどの内閣法制局長官は東大法学部卒業者である。大蔵省・内務省・経産省・法務省のいずれかの省出身の法制局次長からの内部昇任者を長官にするという慣例を破って、安倍首相が外務省から任命した小松一郎は、初めての一橋大学出身の内閣法制局長官でもあった。

(13) 学術書ではない不思議な本だが、池見猛『宮沢俊義氏内閣法制局に君臨 自分も天皇になってみたい』(民族科学研究所、一九九一年)、は虚偽内容の糾弾本だというわけでもないかもしれない。

(14) 篠田英朗『「国家主権」という思想――国際立憲主義への軌跡』(勁草書房、二〇一二年)、参照。
(15) G・イェリネク(芦部信喜他訳)『一般国家学』(学陽書房、一九七四年)、一七一頁。
(16) 美濃部達吉『憲法撮要』(有斐閣、一九二三年)、二〇頁。なお本書における引用では、旧漢字は当用漢字に直している。
(17) 同右、二〇六頁。
(18) 野中俊彦・中村睦男・高橋和之・高見勝利『憲法I』第五版(有斐閣、二〇一二年)、一六八頁。
(19) 立作太郎『平時国際公法』(第四版)(日本評論社、一九三四年)、一一七頁。
(20) 同右、一六四―一六五頁。
(21) 同右、一八一頁。
(22) 一九五一年一月に国立国会図書館調査立法考査局が手書き版で公刊した「自衛権に関する国際法学者の諸説」という小冊子がある。そこで紹介された七本の論文抜粋のうち、立作太郎は『平時国際法論』と『戦時国際法論』の二本が紹介され、本書が引用した部分が抜粋された。国立国会図書館調査立法考査局『自衛権に関する国際法学者の諸説』(国調立資料B90)、一九五一年一月。
(23) 高見「集団的自衛権『限定行使』の虚実」、七五―七六頁。
(24) 美濃部達吉『憲法撮要』(有斐閣、一九二三年)、一〇、一八頁。「国民は、属人的に、ある国の統治権に服する人間だということもできる」。宮沢俊義『憲法』第五版、一九五六年、九六頁。芦部信喜(高橋和之補訂)『憲法』第六版(岩波書店、二〇一五年)、三頁。
(25) 野中俊彦・中村睦男・高橋和之・高見勝利『憲法I』第五版(有斐閣、二〇一二年)、三―五頁。
(26) 高橋和之『立憲主義と日本国憲法』(有斐閣、二〇〇五年)、三―四頁。高橋教授は「三要素」を備えた「国家の成立により、国際社会は、相互に独立の『主権国家』から成るものと理解されるようになる」と断言し、憲法・国際法にも先立つ原初的存在としての「社会学的な意味での国家」の概念を、立憲主義に関する著作の冒頭で提示する。根拠となる文献等の指示はなく、原初的な「社会学的な意味での国家」の成立の措定は、いわば高橋教授による立憲主義理解のための「命題」のようなものとなっている。佐藤幸治・京都大学名誉教授であれば、やはり異なる立憲主義の歴史の説明を行なう。佐藤『憲法』、四—五頁。

(27) 篠田英朗「主権、人権、そして立憲主義の限界点——抵抗権および介入権の歴史的・理論的考察」日本政治学会（編）『年報政治学二〇〇一』（岩波書店）。

(28) 「国家法人説はあくまで枠組みであり、……社会的な実体を伴わない技術概念としての法人格を用いるべきである」。時本義昭「宮沢俊義の国民主権論と国家法人説」初宿正典ほか（編）『国民主権と法の支配：佐藤幸治先生古稀記念論文集』（成文堂、二〇〇八年）、七五頁。

(29) 石川健治「統治のヒストリーク」奥平康弘・樋口陽一（編）『危機の憲法学』（弘文堂、二〇一三年）、五五頁。

(30) 「座談会　憲法インタビュー——安全保障法制の問題点を聞く：石川健治先生に聞く」『第一東京弁護士会会報』第五一二号、二〇一五年一一月一日、五頁。

(31) 自由民主党「日本国憲法改正草案」二〇一二年四月二七日〈https://www.jimin.jp/policy/policy_topics/pdf/seisaku-109.pdf〉。

(32) 樋口陽一『近代立憲主義と現代国家』（勁草書房、一九七三年）、一五〇—一五一頁。

(33) 小林直樹『憲法講義』上（東京大学出版会、一九六七年）、三四—三五頁。アメリカ独立宣言に影響を与えたジョン・ロックの社会契約論を、ロック自身は「主権」という概念を使わなかったことを度外視して、「人民主権」論として紹介している。

(34) 杉原泰雄『国民主権の史的展開——人民主権との対抗の中で』（岩波書店、一九八五年）、二頁。

（35）「君主と人民の対立が日本になかつたとすれば、それは日本人の無知とそれにもとづく奴隷的服従の習慣とによるものである」。横田喜三郎「新憲法における主権の概念」憲法研究会（編）『新憲法と主権』（永美書房、一九四七年）、一八頁。

（36）佐藤達夫『日本国憲法誕生記』（大蔵省印刷局、一九五七年）、八七頁。

（37）たとえば、宮沢俊義「新憲法の概観」国家学会（編）『新憲法の研究』（有斐閣、一九四七年）、九―一〇頁。高見勝利（編）『金森徳次郎著作集Ⅱ』（慈学社、二〇一四年）、一四九―一六四頁。一九七〇年代以降に「国民主権」を「ブルジョワジーの法イデオロギーである」ととらえて、「人民主権」を模索する方向での研究としては、杉原泰雄『国民主権の研究――フランス革命における国民主権の成立と構造』（岩波書店、一九七一年）、辻村みよ子「主権論の今日的意義と課題」杉原泰雄教授退官記念論文集刊行会『主権と自由の今日的課題』（勁草書房、一九九四年）など。逆に主権が「権力の実体でなく正当性の所在を示すものでしかないこと」を認めて「現実を冷たく分析」し、「国民主権という観念の使用をわれわれはむしろ避けて「権力に対抗する人権という観念」を強調することを提唱していたのが、一九七〇年代の樋口陽一であった。樋口『近代立憲主義と現代国家』、三〇三頁。

（38）「国家は、国民によって構成せられる団体である。国家構成員としての国民は……その所属する国家の統治に当然服すべき者である」。清宮四郎『憲法　第一』（有斐閣、一九五七年）、八五、九三頁。

（39）佐藤達夫『日本国憲法成立史』第二巻（有斐閣、一九六四年）、七三六―七八三頁。

（40）清宮四郎『憲法の理論』（有斐閣、一九六九年）、三二一頁。「明治憲法はロックの思想より遅れており、現行憲法はロックよりも進歩的」なのは、「どうしても国民主権の理念が示されなければならないが、ロックはこれを避けている。この点、ロックはルソーほど徹底しきれない」。同右、三一五、三二一頁。

（41）「憲法制定権力」で博士号を取得した芦部信喜の『憲法制定権力』では、社会契約論に依拠した憲法思想が「もっとも早く現実の憲法制定の推進力となった」ものとして「アメリカ―とくに一七八〇年のマサチュセッツ―憲法」が紹介されている。しかしそこでは驚くべきことに、「ロックの国民主権説」という概念が登場する。芦部は、「people」を「国民」としただけではない。芦部は「subject（臣民）」まで「国民」と意訳している。あまりにも日本国憲法の「国民」への関心に引き寄せた一方的な非歴史的解釈であると言わざるを得ない。ロックに「主権」の概念は登場しない。唯一使われているのは、第一論文におけるフィルマーの家産主義的な主権概念を批判する際だけである。主権の源泉と行使者の立憲主義的関係を巡る議論は、単純に前者を「国民主権」と総括してしまうことによっては見えてこない。芦部信喜『憲法制定権力』（東京大学出版会、一九八三年）、一二一―一五頁。なお樋口陽一は、長谷川正安の著作の書評において、結局、日本国憲法の「国民主権」は「peuple」の主権なのではないかと述べた。樋口陽一「長谷川正安『国家の自衛権と国民の自衛権』」『法律時報』第四三巻第六号、一九七一年五月号、一二三頁。

(42) John Locke, *Two Treatises of Government* (Cambridge: Cambridge University Press, 1967), first published in 1690. Julian H. Franklin, *John Locke and the Theory of Sovereignty: Mixed Monarchy and the Right of Resistance in the Political Thought of the English Revolution* (Cambridge: Cambridge University Press, 1978).

(43) 篠田『「国家主権」という思想』。See also Hideaki Shinoda, *Re-examining Sovereignty: From Classical Theory to the Global Age* (London: Macmillan, 2000).

(44) 菅野喜八郎は、宮沢俊義が抵抗権を実定法の枠内で理解することを拒んだことを批判するために、ロック・ホッブズ研究に至った。「ロックの抵抗権は……個人主義という特定内容の規範を擁護するための抵抗の権利、人権（自然権）を擁護するための抵抗の権利である。これに対し、宮沢教授の抵抗権は、……法以外の秩序を擁護するための抵抗の権利である」。菅野が指摘したのは、宮沢によれば、人民は「主権」を持っているが「抵抗権」は持っていないことになり、それはアングロ＝サクソン流の立憲主義からは全く正反対の議論だ、という点である。菅野喜八郎『国権の限界問題』、三四三頁。菅野喜八郎『抵抗権論とロック、ホッブズ』（信山社、二〇〇一年）。

（45）もっとも一九四五年末にいち早く公開された「憲法研究会」という在野の研究者グループが作成した憲法私案「憲法草案要綱」は、ＧＨＱによっていち早く翻訳され、ＧＨＱ草案に影響を与えたとされるが、それは「国民主権」を謳ったものであった（小西豊治『憲法「押しつけ」論の幻』〔講談社、二〇〇六年〕）。「憲法研究会」の中心人物であった鈴木安蔵は、戦中に迫害を受けながら、明治期の自由民権運動の中で作成された憲法案の研究を進めた人物であり、その過程で最も注目したのが、植木枝盛が作成した憲法案であった。植木はフランス革命思想に共鳴しており、国民主権の理念に感化されていた。それが鈴木を通じて、ＧＨＱに伝わったわけである。ところがその鈴木自身が、新憲法が制定された後は、「国民」概念への留保を行って、「People（国民とされてゐるので、以下国民として論ずるが、正しくは人民となすべきものであると信ずる）」と書いていた（鈴木安蔵「旧憲法・新憲法と國體」憲法研究会（編）『新憲法と主権』、三七頁）。一九四八年の単著では「人民主権」の概念を用いて日本国憲法の理念を解説しつつ、最後に「新憲法は、……人民主権の原則の徹底をかいている」と、煮え切らないニュアンスを残した結論を、鈴木は表明していた（鈴木安蔵『憲法と人民の政治』〔同友社、一九四八年〕、六七頁）。

（46）宮沢俊義「八月革命と国民主権主義」『世界文化』第一巻第四号、一九四六年五月、六八―六九頁。

（47）岩井淳「宮沢俊義――戦時体制下の宮沢憲法学」小野博司・出口雄一・松本尚子（編）『戦時体制と法学者 1931 ～ 1952』（国際書院、二〇一六年）。戦中の宮沢は、ヴェルサイユ体制を「武装された平和」と考え、アングロ＝サクソン国家がアジアに持つ権益を不正義にもとづくものとし、「東洋の国家の代表選手としての日本」が「宿命」として「支配の排除」を目指しているのが太平洋戦争だと論じていた。高見勝利『宮沢俊

義の憲法学史的研究』(有斐閣、二〇〇〇年)、一二六―一二七頁。
(48)佐藤達夫『日本国憲法成立史』第一巻(有斐閣、一九六二年)、四五七―四五八頁。
(49)西修『日本国憲法を考える』(文春新書、一九九九年)、三三―四六頁。
(50)江藤淳「〝八・一五革命説〟成立の事情――宮沢俊義教授の転向」『諸君!』第一四巻第五号、一九八二年五月号、二一―四五頁。
(51)新憲法制定は、「革命論によらなければ説明できない程のことでもない」河村又介『国民主権』(河出書房、一九五五年)、一一三頁。
(52)宮沢俊義「日本国憲法生誕の法理」宮沢俊義『憲法の原理』(岩波書店、一九六〇年)、三九〇―三九九頁。
(53)宮沢俊義『憲法』(勁草書房、一九五一年)、一五頁。
(54)芦部信喜『憲法制定権力』(東京大学出版会、一九八三年)、一一四―一一五頁。
(55)野中俊彦・中村睦男・高橋和之・高見勝利『憲法I』第五版(有斐閣、二〇一二年)、六〇―六四頁。
(56)美濃部達吉「憲法改正の基本問題」『世界文化』第一巻第四号、一九四六年五月、六〇―六一頁。
(57)貴族院では、京都大学憲法学教授の佐々木惣一が反対した。枢密院議長を務めていた公法学者の清水澄は、翌一九四七年に自殺した。江藤「〝八・一五革命説〟成立の事情」、四三―四四頁。
(58)美濃部達吉『新憲法の基本原理』(国立書院、一九四八年)、三六頁。
(59)同右、四八―四九頁。
(60)同右、七二頁。
(61)もっとも改正ではなく革命であった、と主張することによって改正の限界に関する学説を維持したことになるのかは、疑問が残る。

(62)「マッカーサーが日本国民に対してもっていたのは、『事実上無制限の権力』という意味での主権であり、天皇から国民に移ったとされる主権は、日本の国政の根本建前という意味での主権」であった。菅野喜八郎「八月革命説覚書」『法学』（東北大学法学会）第四七巻第二号、一九八三年六月、三五―三六頁。

(63) 宮沢「八月革命と国民主権主義」、七一頁。なお宮沢は繰り返し「Minic」と表記したが、「Mimic」の誤りであろうと思われる。

(64) 高見勝利「実定憲法秩序の転換と『八月革命』言説」長谷部恭男（編）『岩波講座　憲法6　憲法と時間』（岩波書店、二〇〇七年）所収、参照。

(65) 宮沢は戦前から戦後にかけて、国家の法人格とは「アニミズムにもとづく言語の擬人的性質の結果」「人格」と呼ばれるようになった「法規範の統一的複合体」が「本質」だと述べていた。「権利の主体」としての「技術概念」としての国家は諸国の実定法に委ねられるとしていた。宮沢俊義『憲法』（第五版）（有斐閣、一九五六年）、四―五頁。高見勝利『宮沢俊義の憲法学史的研究』（有斐閣、二〇〇〇年）、一九―二二頁。

(66) 樋口陽一「『立憲主義』と『憲法制定権力』：対抗と補完――最近の内外憲法論議の中から」『日本學士院紀要』第六九巻第三号、二〇一四年三月、一〇六―一〇八頁。

(67) 樋口が八月革命説に見出した立憲主義は、「国際民主主義」なるものだったという。菅野喜八郎「八月革命説覚書後書」『法学』（東北大学法学会）第四九巻第一号、一九八五年四月、一三―一四頁。

(68) 杉原泰雄「解説」杉原泰雄（編）『文献選集　日本国憲法2　国民主権と天皇制』（三省堂、一九七七年）、六頁。

(69) 尾高朝雄「国民主権と天皇制」国家学会（編）『新憲法の研究』（有斐閣、一九四七年）、二〇、二三頁。

(70) 同右、四〇―四一頁。

(71) 尾高朝雄「ノモスの主権について」『法の窮極にあるものについての再論』(勁草書房、一九四九年)、四四―四九頁。
(72) 同右、六三頁。
(73) 宮沢俊義「国民主権と天皇制とについてのおぼえがき――尾高教授の理論をめぐって」及び「ノモスの主権とソフィスト――ふたたび尾高教授の理論をめぐって」、宮沢俊義『憲法の原理』(岩波書店、一九六〇年)所収。
(74) 杉原泰雄『国民主権の研究』(岩波書店、一九七一年)、九頁。
(75) 尾高朝雄『法の窮極に在るもの』(有斐閣、一九四八年)、九六頁。
(76) 同右、一八四、三〇四頁。
(77) 石川健治「八月革命・七〇年後――宮澤俊義の八・一五」『法律時報』第八七巻第七号、二〇一五年六月、八五頁。
(78) 二〇世紀初頭の法学の巨人ハンス・ケルゼンは、イエリネックを批判し、存在と当為、法律学と社会的事実は、二元論のまま統一されることはないとし、「科学的法学者」は二者択一を迫られることを強調した。そしてケルゼン自身は、実定法から政治的な影響を取り除く「純粋法学」を究める道を進み、全世界の法学に巨大な衝撃を放った。「法の科学者」たることを目指した宮沢は、ケルゼンの「純粋法学」の意味での法実証主義を理解していたようである。ケルゼンは、京城帝国大学の清宮四郎らがウィーン留学で師事し、戦前から最先端議論として紹介していた(ケルゼン〔清宮四郎訳〕『一般国家学』〔岩波書店、一九三六年〕)。宮沢がケルゼン主義者だったとは言えない。ケルゼンの「純粋法学」の立場を貫くのであれば、「根本規範」にさかのぼる法体系の統一性こそが重要であり、憲法制定権力を持つ主権者がポツダム宣言によって交代したなどという「存在と当為」「法律学と社会的事実」の混合はありえなかったのではないか。宮沢が「八月革命」説をめぐり、「存在と当為」、ケルゼンとイエリネック、「革命」と「国家法人説」の間に横たわる巨大な問題に対して、何らかのジレンマを感じたり、積極的に克服するための議論を提示したりした形跡はない。宮沢の「八月革命」は、あまりに「政治的なもの」であった。日本を占領して安全を保障するアメリカがアメリカの思想にもとづく憲法を起草したという現実を見えなくするため、宮沢は、国民が革命を起こしたという物語を、主権者である国民の名の下に導入した。最後は、カール・シュミットの「例外状態」における「決断主義」にもとづく「憲法制定権力」の応用によって、「革命」の正当化を図った（C・シュミット［田中浩・原田武雄訳］『政治的なものの概念』［未來社、一九七〇年］、C・シュミット［田中浩・原田武雄訳］『政治神学』［未來社、一九七一年］などを参照）。日本国憲法誕生の法理として密かにシュミットが導入されていたことは、戦後の憲法学の発展の裏に潜む「出生の秘密」と言ってよい重大な含意をはらむ一大問題だろう。

(79) 宮沢俊義『憲法の原理』、三三二頁。

◉第二章

（1）進藤榮一『分割された領土　もうひとつの戦後史』（岩波書店、二〇〇二年）、第七章。

（2）清宮四郎『憲法　第一』（有斐閣、一九五七年）、七六頁。

（3）同右、七九―八〇、八二―八三頁。「自衛隊にいたっては、……憲法にいう戦力ではないと説明することは困難である」。同右、八一頁。

（4）第九〇回衆議院帝国憲法改正案委員会議事録第五号（一九四六年七月四日）、二頁。吉田のみならず、当時の外務省幹部ら数多くの政策当局者が、国連の安全保障体制に「国際的依存」する考えを表明していた。林尚之「戦後日本の主権国家と世界連邦的国連中心主義」『立命館文學』第六三七号、二〇一四年三月号、一四二六―一四二五（二五―二六）頁。

（5）データベース『世界と日本』日本政治・国際関係データベース、東京大学東洋文化研究所田中明彦研究室、http://www.janis.or.jp/users/ohkisima/rekisi/19410814taiseiyokenshou.html　なお日本国憲法の前文に見られる「全世界の国民が、ひとしく恐怖と欠乏から免かれ、平和のうちに生存する権利を有する」という表現にも、大西洋憲章の影響が見られる。

（6）たとえば、豊下楢彦『集団的自衛権とは何か』（岩波新書、二〇〇七年）。

（7）古関彰一『「平和国家」日本の再検討』（岩波書店、二〇〇二年）、四一、一八―一九頁。

（8）衆議院会議録第七号、一九五二年一月二五日、六―七頁。

（9）第一三回国会両院法規委員会会議録第四号、一九五二年三月一四日、一〇―一四頁。

（10）たとえば飛鳥田一雄・社会党議員と岡崎勝男・外務大臣との間のやりとりを参照。第一九回国会衆議院外務・内閣・農林・通商産業委員会連合審査会議録第一号、一九五四年三月一七日、一一四―一一七頁。

（11）並木芳雄の発言。第一六回国会衆議院会議録第一七号、一九五三年七月四日、三頁。穂積七郎の発言。第一九回国会衆議院会議録第三一号、一九五四年三月三一日、二五頁。佐多忠隆、第一九回国会参議院会議録第四〇号、一九五四年四月二八日、一五頁。

（12）岡崎勝男の発言。第一六回国会衆議院外務委員会議録第二九号、一九五三年九月四日、二一頁。

（13）第一九回国会衆議院内閣・外務委員会連合審査会議録第一号、一九五四年四月一六日、二二頁。

（14）「三たび平和について」第一章・第二章、『丸山眞男集』第五巻（岩波書店、一九九五年）、三五―三六頁。

（15）西村熊雄「安全保障条約論」（初版は一九六〇年）『サンフランシスコ平和条約・日米安保条約』（中央公論社、一九九九年）、二一―二二、六九頁。

（16）同右、一二三、一二四頁。

(17) ジョン・W・ダワー「二つの「体制」のなかの平和と民主主義　対外政策と国内対立」。アンドルー・ゴードン（編）（中村政則監訳）『歴史としての戦後日本』上（みすず書房、二〇〇一年）。
(18) 入江啓四郎「日米安全保障条約とその後の情勢」『教育』（教育科学研究会編）第二巻第二号、一九五二年二月号、六頁。
(19) 田畑忍「軍事協定の締結と憲法感情」『世界』通号七〇号、一九五一年一〇月号、一二六頁。
(20) 黒田寿男「安全保障条約への危惧」『世界』通号七二号、一九五一年一二月号、一三〇頁。
(21) 「一九五五年、米軍撤退を要求していた」『読売新聞』二〇一〇年七月二七日夕刊、一面。
(22) 関文香「安全保障条約と憲法」『岩手大学工学部研究報告』（岩手大学工学部編）、一九五二年三月、通号四号、一二五頁。
(23) 神谷龍男「安全保障条項の解説」『法律時報』第二三巻第九号、一九五一年九月、一九頁。
(24) 横田喜三郎「駐兵は認めても再軍備は避けなければならぬ」『世界』通号七〇号、一九五一年一〇月、一三〇頁。
(25) 深瀬忠一・山内敏弘「解説」『文献選集　日本国憲法14　安保体制論』（三省堂、一九七八年）所収。
(26) 山本祐司『最高裁物語』上（日本評論社、一九九四年）。
(27) 横田喜三郎「新憲法に於ける主権の概念」憲法研究会（編）『新憲法と主権』所収、横田喜三郎『天皇制』（労働文化社、一九四九年）、横田喜三郎『戦争犯罪論』（有斐閣、一九四九年）など。
(28) 横田喜三郎『安全保障の問題』（勁草書房、一九四九年）。
(29) 横田喜三郎「集団的自衛」京大法学会恒藤博士還暦記念論文集刊行会（編）『恒藤博士還暦記念　法理学及国際法論集』（有斐閣、一九四九年）、二七二、二七三頁。外務省条約局長の西村熊雄は集団的自衛権に関する研究状況に関する答弁の中で横田に言及した。第一〇回国会参議院外務委員会議録第七号、一九五一年二月二七日、六頁。
(30) 横田喜三郎『国際法』(有斐閣、一九三三年)、二一四五頁。
(31) 同右、五〇頁。我妻栄・横田喜三郎・宮沢俊義ら(編)『岩波法律学小辞典』(岩波書店、一九三七年)、「国家の基本的権利義務」、三八〇頁、「自衛権」、四四〇頁。
(32) 横田喜三郎『国際法』新版(有斐閣、一九五五年)、七二一―七三頁。
(33) 同右、八五、九二頁。
(34) 横田喜三郎『自衛権』(有斐閣、一九五一年)、一八六―二一七頁。横田喜三郎「戦争放棄と自衛権」『法学協会雑誌』第六八巻第三号、一九五〇年三月、一―二四頁。横田喜三郎「自衛権の概念」『国家学会雑誌』第六四巻第五・六号、一九五〇年六月、一―四七頁。
(35) 鈴木義男「憲法との関連における問題」『法律時報』第二三巻第九号、一九五一年九月、一二頁。
(36) 恒藤恭「戦争放棄の条項と安全保障の問題」『改造』第三一巻第四号、一九五〇年。
(37) 平野義太郎「日米安全保障条約と憲法」『改造』第三二巻第一一号、一九五一年一〇月、二〇―二三頁。
(38) 豊下楢彦『昭和天皇・マッカーサー会見』(岩波書店、二〇〇八年)、x頁。豊下楢彦『安保条約の成立』(岩波新書、一九九六年)、進藤榮一『分割された領土――もうひとつの戦後史』(岩波書店、二〇〇二年)なども参照。
(39) 石川健治「インタビュー 集団的自衛権というホトトギスの卵――『非立憲』政権によるクーデターが起きた」『世界』第八七二号、二〇一五年八月号、六五頁。
(40) 石川健治「時局と法学者」『法学教室』二〇一五年八月号、一頁。
(41) 石川健治「コスモス――京城学派公法学の光芒」酒井哲哉(編)岩波講座「帝国」日本の学知第一巻『「帝国」編成の系譜』(岩波書店、二〇〇六年)、二一三頁。石川健治『自由と特権の距離――カール・シュミット「制度体保障」論・再考』（日本評論社、一九九九年）も参照。
（42）長谷部恭男・杉田敦『安保法制の何が問題か』（岩波書店、二〇一五年）、v頁。
（43）小田滋・石本泰雄（編）『祖川武夫論文集　国際法と戦争違法化——その論理構造と歴史性』（信山社、二〇〇四年）、一六六—一六七頁。
（44）同右、一八〇頁。
（45）同右、一九七頁。
（46）同右、二〇二頁。
（47）「ホワイト・ハウスにおける歓迎式の際の大平内閣総理大臣答」データベース『世界と日本』http://www.ioc.u-tokyo.ac.jp/~worldjpn/documents/texts/JPUS/19790502.S1J.html

◉第三章

（1）データベース『世界と日本』〈http://www.ioc.u-tokyo.ac.jp/~worldjpn/documents/texts/docs/19510908.T2J.html〉
（2）第一九回国会衆議院内閣委員会議録第三一号（一九五四年五月六日）、二頁。
（3）第一九回国会参議院法務委員会会議録第三五号（一九五四年五月一三日）、八頁。
（4）参議院 http://www.sangiin.go.jp/japanese/san60/s60_shiryou/ketsugi/019-57.html　なお翌日の一九五四年六月三日、当時外務省の条約局長であった下田武三（後に佐藤栄作政権下で事務次官、駐米大使）は、次のように答弁を行った。「日本憲法からの観点から申しますと、憲法が否認してないと解すべきものは、既存の国際法上一般に認められた固有の自衛権、つまり自分の国が攻撃された場合の自衛権であると解すべきであると思う」。そのため「集団的自衛権、これは換言すれば、共同防衛または相互安全保障条約、あるいは同盟条約ということでありまして……、一般の国際法からはただちに出て来る権利ではございません。それぞれの同盟条約なり共同防衛条約なり、特別の条約があつて、初めて条約上の権利として生れて来る権利でございます。ところがそういう特別な権利を生ますための条約を、日本の現憲法下で締結されるかどうかということは、先ほどお答え申し上げましたようにできない」。

この下田の答弁には、質疑応答の相手方であった社会党議員である穂積七郎のほうが驚き、「集団的自衛権という観念は、もうすでに今までに日本の憲法下においても取入れられておるわけです。そうなると、すでに憲法のわくを越えるものだというように考えますが」、と質問した。これに対して下田は、「憲法は自衛権に関する何らの規定はないのでありますけれども、自衛権を否定していない以上は、一般国際法の認める自衛権は国家の基本的権利であるから、憲法が禁止していない以上、持つておると推定されるわけでありますが、そのような特別の集団的自衛権までも憲法は禁止していないから持ち得るのだという結論は、これは出し得ない、そういうように私は考えております。」と答えた。そこですかさず穂積は、「今のその御解釈は、これはあなた個人の御意見ではなくて、外務省または政府を代表する統一された御意見と理解してよろしゅうございますか。」と質問した。下田は、「外務省条約局の研究の段階で得た結論」と述べ、政府統一見解にまでは至っていないと説明した（第一九回国会衆議院外務委員会議録第五七号［一九五四年六月三日］、五頁）。

なおこの下田の答弁をもって集団的自衛権違憲の政府判断がなされていた、と論じられることもある（浦田一郎「集団的自衛権論の展開と安保法制懇報告」奥平康弘・山口二郎（編）『集団的自衛権の何が問題か解釈改憲批判』［岩波書店、二〇一四年］、一〇六頁）。これについては、まず下田が「政府の見解」ではないと強調した点は留意しなければならない。またさらに日本が国連未加盟国であった一九五四年の当時と、国連加盟を果たした一九五六年以降とで国連憲章上の権利に対する評価が変わるか、一九六〇年新安保条約もまた「共同防衛または相互安全保障条約、あるいは同盟条約」ではないと言えるのかどうかが、論点になりうる。

なお下田は、一九三一年東京帝国大法学部卒で、佐藤達夫らと同じく、美濃部・立の全盛時代に東大法学部に在籍した世代である。「一般国際法の認める自衛権は国家の基本的権利」だという考え方を論理構成の基本に据えるのは、「国家法人説」を通説とみなす世代に、特徴的なものであろう。第一章で見たとおり日本では立作太郎が基本権に依拠した国際法講義を東大法学部で行っていたが、第二章で見たとおり横田喜三郎は戦前から「国家に固有の先天的」な「国家の基本的権利」を否定していた。国際法においては「一般国際法」といえども、結局は慣習法の集積に過ぎない。その内容は、国連憲章のような新しい包括的条約によって上書きをされる。一般国際法というのは、自然法的な国家の自然権が表現するようなものではなく、「自然権」を求めるのは「国内的類推」の陥穽である。

（5）第二一回国会衆議院予算委員会議録第一号（一九五四年一二月一二日）、一五頁。

（6）第二一回国会衆議院予算委員会議録第二号（一九五四年一二月一三日）、一頁。

（7）第二二回国会衆議院内閣委員会議録第二三号（一九五五年六月一六日）、三頁。

（8）同右、六頁。

（9）同右、八頁。日本自由党憲法調査会は、吉田内閣末期の一九五四年一一月五日付で「日本国憲法改正要綱」を公表し、「国力に応じた最小限度の軍隊を設置し得る」の規定を憲法に導入することを提案していた。なおあわせて「国際的平和の組織並びに集団防衛体制に参加する旨を明にする」ことや、「国際協力による集団安全保障体制への加入と、国際条約と主権制限の関係を明定する」ことも提案していた。永井憲一・利谷信義（編集代表）『資料日本国憲法2　1950-1959』（三省堂、一九八六年）、三二一—三二四頁。

（10）たとえば一九七二年一一月一三日参議院予算委員会で吉國法制局長官は、一九五四年一二月（鳩山政権成立の月）以来「自衛のため必要な最小限度の実力」が戦力の定義として政府統一見解になったと答弁した。だが、より正確には、一九五五年六月一六日ではないかと思われる。
(11) 同右、七頁。
(12) 第二二回国会衆議院内閣委員会議録第二八号（一九五五年六月二七日）、四頁。
(13) 参議院憲法審査会〈http://www.kenpoushinsa.sangiin.go.jp/kenpou/houkokusyo/houkoku/03_12_01.html〉
(14)「伊達判決」の称賛例としては、小林直樹「砂川判決と日本国憲法」『世界』第一六二号、一九五九年六月、二〇―三二頁。
(15) 篠田英朗「国際法と国内法の連動性から見た砂川事件最高裁判決」『法律時報』第八七巻第五号、二〇一五年、三二―三七頁。
(16) 最高裁判例「日本国とアメリカ合衆国との間の安全保障条約第三条に基く行政協定に伴う刑事特別法違反」（一九五九年一二月一六日）〈http://www.courts.go.jp/app/files/hanrei_jp/816/055816_hanrei.pdf〉、二頁。
(17) 同右、三頁。
(18)「座談会」『ジュリスト』臨時増刊号：砂川事件上告審判決特集、一九六〇年、三〇―三二頁。
(19) 横田喜三郎「憲法の戦争放棄の限界――砂川判決に照して」『国際法外交雑誌』第五九巻第一・二号、一九六〇年七月。
(20) 高野雄一「砂川事件上告審判決」『ジュリスト』臨時増刊号：砂川事件上告審判決特集、一九六〇年、八〇―八一頁。
(21) 新原昭治・布川玲子（訳）「砂川事件『伊達判決』に関する米政府解禁文書」塩川喜信（編）『沖縄と日米安保――問題の核心は何か』（社会評論社、二〇一〇年）、吉田敏浩・新原昭治・末浪靖司『検証・法治国家崩壊――砂川裁判と日米密約交渉』（創元社、二〇一四年）を参照。
(22) 田中耕太郎最高裁長官の補足意見。前掲最高裁判決、八―一一頁。
(23) 田中耕太郎『世界法の理論』第一巻（岩波書店、一九三二年）、三八〇頁。
(24) 天野和夫「判決と「世界法」の立場」『法律時報』第三二巻二月号臨時増刊第三五九号、五三頁。
(25) 田中耕太郎「「法の支配」と自然法」『ジュリスト』第一九三号、一九六〇年一月、七、八、一三、一六頁。
(26) 佐藤功「砂川判決の問題点総評」『ジュリスト』臨時増刊号：砂川事件上告審判決特集、一九六〇年、六頁。
(27) 「座談会」『ジュリスト』臨時増刊号：砂川事件上告審判決特集、一九六〇年、四九―五〇頁。
(28) 長谷川正安「砂川判決における法と政治」『法律時報』第三二巻二月臨時増刊第三五九号、一九六〇年、六七頁。田畑忍「最高裁判所の砂川判決について――安保条約第三条に基く行政協定に伴う刑事特別法違反事件に於ける最高裁判所判決の違憲性について」『同志社法学』第五七号、一九六〇年二月、なども参照。
(29) 長谷川正安「安保闘争と憲法の諸問題」『法律時報』第三二巻第一一号、四六―四七頁。
(30) 長谷川正安『現代法入門』（勁草書房、一九七五年）、六一頁。
(31) 同右、六二頁。
(32) 鈴木安蔵『憲法と条約と駐留軍』（至誠堂、一九六九年）、七〇、八〇、一二一頁。
(33) 鈴木安蔵『憲法の理論』（勁草書房、一九六五年）、五―六頁。
(34) 長谷川正安『国家の自衛権と国民の自衛権』（勁草書房、一九七〇年）、一六頁。
(35) 本秀紀「「二つの法体系」論の今日的意義と課題」杉原泰雄・樋口陽一・森英樹（編）『長谷川正安先生追悼論文集　戦後法学と憲法　歴史・現状・展望』（日本評論社、二〇一二年）、七八八―八一四頁。倉持孝

司「日米安保五〇年と「二つの法体系」論」杉原ら（編）前掲書、八一五―八三八頁。
(36) 白井聡『永続敗戦論　戦後日本の核心』（太田出版、二〇一三年）。
(37)「安保改定等小委員会の所見」（五月二日総務会決定）田畑茂二郎『安保体制と自衛権』（増補版）（有信堂、一九六〇年）、二八五―二八六頁。
(38) 田畑、前掲書、一二五頁。
(39) 鈴木尊紘「憲法第九条と集団的自衛権――国会答弁から集団的自衛権解釈の変遷を見る」『レファレンス』二〇一一年一一月号、三八頁。
(40) 第三四回国会参議院予算委員会会議録第二三号（一九六〇年三月三一日）、二七頁。
(41) 第三四回国会参議院予算委員会会議録第二三号（一九六〇年三月三一日）、二四頁。
(42) 同右。
(43) 第三四回国会衆議院内閣委員会会議録第四一号（一九六〇年五月一六日）、二頁。
(44) 田畑、前掲書、六七―六九頁。
(45) 高野雄一『高野雄一論文集2　集団安保と自衛権』（一九九九年、東信堂）、特に第六章「日米安保条約と国際連合憲章との関係」（原題「国際連合憲章との関係」『国際法外交雑誌』第五九巻第一・二合併号、一九六〇年）、二四六、二四七頁。
(46) 同右、二六一頁。
(47) 横田喜三郎「安全保障と自衛権」『時の法令』第三二九号、一九五九年一〇月三日号、二、六―七、八、一〇頁。
(48) 堀堅士「新日米安保条約と憲法の一断面」『ジュリスト』臨時増刊号：砂川事件上告審判決特集、一九六〇年、一〇三―一〇四頁。

（49）吉次公介『日米同盟はいかに作られたか――「安保体制」の転換点1951-1964』（講談社、二〇一一年）。

（50）高坂正堯「宰相吉田茂論」（一九六四年）高坂正堯『宰相　吉田茂』（中央公論新社、二〇〇六年）所収、などがよく知られる。

（51）坂元一哉『日米同盟の絆――安保条約と相互性の模索』（有斐閣、二〇〇〇年）、一八二―一八三頁。

（52）渡辺洋三「総論」長谷川正安・宮内裕・渡辺洋三（編）『新法学講座5・安保体制と法』（三一書房、一九六二年）、八頁。渡辺洋三『安保体制と憲法』（労働旬報社、一九六五年）には福祉国家を帝国主義的なものとみなす批判も見られる。

（53）横田喜三郎・宮沢俊義「憲法第九条と自衛権」（対談）『別冊潮』通号一八号、一九七〇年七月、一五〇、一五一、一五六頁。

（54）宮沢俊義「賽は投げられた――長沼事件第一審判決」『ジュリスト』第五四九号、一九七三年一二月、一七頁。

◉第四章

（1）第四〇回国会衆議院内閣委員会議録第三二号（一九六二年四月二五日）、一七頁。

（2）若泉敬『他策ナカリシヲ信ゼムト欲ス』新装版（文藝春秋、二〇〇九年）。

（3）「ＮＨＫスペシャル」取材班『沖縄返還の代償――核と基地　密使・若泉敬の苦悩』（光文社、二〇一二年）、我部政明『沖縄返還とは何だったのか――日米戦後交渉史の中で』（日本放送出版協会、二〇〇〇年）、我部政明『戦後日米関係と安全保障』（吉川弘文館、二〇〇七年）、波多野澄雄『歴史としての日米安保条約――機密外交記録が明かす「密約」の虚実』（岩波書店、二〇一〇年）、信夫隆司『日米安保条約と事前協議制度』（弘文堂、二〇一四年）。

(4) J・アリソン国務次官補が一九五三年に述べたとされる。河野康子『沖縄返還をめぐる政治と外交――日米関係史の文脈』(東京大学出版会、一九九四年)、八七頁。

(5) 第四八回国会衆議院予算委員会議録第一七号(一九六五年三月一日)、三〇頁。

(6) 第六一回国会参議院予算委員会会議録第三号(一九六九年二月二一日)、九頁。第六一回国会衆議院予算委員会議録第一四号(一九六九年二月一九日)、九頁。

(7) たとえば第四八回参議院予算委員会第一五号(一九六五年三月二二日)、六頁、第四八回衆議院外務委員会第一三号(一九六五年四月七日)、一三頁、第四八回衆議院本会議第三一号(一九六五年四月一五日)、一頁、第四八回衆議院外務委員会第一七号(一九六五年四月二三日)、一九頁、第四九回衆議院予算委員会第四号(一九六五年八月六日)、一四―一五頁、第五一回衆議院外務委員会第二号(一九六六年二月一八日)、三頁、第五一回参議院予算委員会第一八号(一九六六年三月二五日)、二六―二七頁、第五二回参議院予算委員会第三号(一九六六年七月二一日)、一四頁、第五五回参議院内閣委員会会議録第一二号(一九六七年五月三〇日)、一七―一八頁、第五五回衆議院内閣委員会会議録第三〇号(一九六七年七月一〇日)、一〇頁。

(8) 若泉敬は、一九六七年日米首脳会談でアメリカのベトナム政策支持を佐藤が表明したことは、沖縄返還に関する「日本の〝成果〟に対する已むを得ざる最小限度の〝代償〟」であったという見解を表明している。若泉、前掲書、一一九頁。

(9) U・アレクシス・ジョンソン(増田弘訳)『ジョンソン米大使の日本回想』(草思社、一九八九年)、二二〇頁。

(10) 吉澤清次郎(監修)『日本外交史29』(鹿島研究所出版会、一九七三年)、一一四―一一九頁。

(11) 室山義正『冷戦後の安全保障戦略を構想する　日米安保体制(上)』(有斐閣、一九九二年)、二七九―二八四頁。

(12) 同右、二八八頁。
(13) 第六一回衆議院予算委員会会議録第八号(一九六九年二月一〇日)、三二一―三二二頁。
(14) 第六一回衆議院予算委員会会議録第一四号(一九六九年二月一九日)、一三頁。
(15) 第六一回国会参議院予算委員会会議録第五号(一九六九年三月五日)、一一―一二頁。
(16) 同右、一三頁。
(17) 同右、一三―一四頁。
(18) 第六一回国会参議院予算委員会会議録第九号(一九六九年三月一〇日)、一二頁。
(19) 同右、八頁。
(20) 第六一回国会参議院予算委員会会議録第二一号(一九六九年三月三一日)、一五頁。
(21) 佐瀬昌盛氏は、一九七〇年が新安保条約の自動延長の時期にかかっていたことが七二年政府見解に影響したのではないかと推察した。佐瀬昌盛『新版　集団的自衛権――新たな論争のために』(一藝社、二〇一二年)、七五―七六頁。鈴木安蔵は、一九六八年の著作において、次のように喝破していた。「サンフランシスコ条約成立以降のわが日本国の実体は……まさしく従属国家とせざるをえないのではないか。……そしてこのような現実態が、ヴェトナムにおけるアメリカの介入に示されているようなアジアにおける民族解放運動の帝国主義的抑圧、すでに展開しつつある戦争の渦中に、日本国を、日本民族をまきこむ危険がさしせまっている」。鈴木安蔵『憲法学の構造』(成文堂、一九六八年)、一一一頁。
(22) 倉田秀也「日米韓安保提携の起源――「韓国条項」前史の解釈的再検討」日韓歴史共同研究委員会「日韓歴史共同研究報告書(第一期)」第三分科報告書、国際交流基金、二〇〇五年、五頁。
(23) 河野、前掲書、二七四頁。
(24) 中島琢磨『現代日本政治史3――高度経済成長と沖縄返還 1960～1972』(吉川弘文館、二〇一二年)、一

八六、一九〇頁。なお今日では、そもそも一九六〇年新安保条約締結時に、朝鮮半島有事の際に国連軍として出動する米軍に事前協議を求めないことを約した密約である「朝鮮議事録」が存在していたことが知られている。事前協議制度は日本が米軍の軍事行動に「巻き込まれる」ことを防ぐ手立てとして新安保条約に導入されたものであり、岸内閣は「朝鮮議事録」に反して、国連統一指令部下の在日米軍の行動も事前協議対象であるという国会答弁を行っていた。信夫『日米安保条約と事前協議制度』、第三章。波多野『歴史としての日米安保条約』、第五章第一節。

(25)『防衛ハンドブック』(平成二七年度版)(朝雲新聞社、二〇一五年)、六二六頁。

(26)豊下楢彦『集団的自衛権とは何か』(岩波新書、二〇〇七年)、六―七頁。

(27)宮里政玄『日米関係と沖縄――1945-1972』(岩波書店、二〇〇〇年)、三三〇頁。

(28)孫崎亨『戦後史の正体 1945-2012』(創元社、二〇一二年)。

(29)同右。一九七三年に発生したオイルショックの際、田中は中東政策をイスラエル支持からアラブ諸国支持に転換させるとともに、中東地域以外からのエネルギーの直接確保に奔走し、ニクソン政権の逆鱗に触れたといわれる。一九七四年一〇月、日本外国特派員協会で金脈問題を追及された田中は、同年一一月、辞任を表明した。田中は七六年にはロッキード事件で逮捕された。

(30)一九七二年一〇月一四日参議院決算委員会提出資料。佐瀬昌盛氏は、七二年見解のほうが文章として八一年見解よりも優っており、そのため二〇一四年七・一閣議決定にも取り入れられたと考える。佐瀬昌盛「集団的自衛権・閣議決定・七二年「資料」――「待ったなし」段階から生まれた閣議決定」『改革者』二〇一四年九月号。

(31)参議院決算委員会(第六九回国会閉会後)会議録第五号(一九七二年九月一四日)、一一頁。

(32)第六八回国会参議院内閣委員会会議録第一一号(一九七二年五月一二日)、一七頁。

(33)同右、二〇―二二頁。
(34)第一九回国会衆議院内閣委員会会議録第二〇号(一九五四年四月六日)、二頁。
(35)第二四回国会参議院内閣委員会会議録第一一号(一九五六年三月六日)、一頁。
(36)村瀬信也「集団的自衛権をめぐる憲法と国際法」柳井俊二・村瀬信也(編)『国際法の実践――小松一郎大使追悼』(信山社、二〇一五年)所収、八〇頁。
(37)第六八回国会参議院内閣委員会会議録第一一号(一九七二年五月一二日)、二〇―二一頁。
(38)第六八回国会参議院内閣委員会会議録第一二号(一九七二年五月一八日)、一一―五頁。
(39)鈴木「憲法第九条と集団的自衛権」、四〇頁。
(40)第九四回国会衆議院一九八一年五月二九日受領・答弁第三二号。
(41)第一〇四回国会衆議院予算委員会議録第一九号(一九八六年三月五日)、二五頁。
(42)第一五九回国会衆議院予算委員会議録第二号(二〇〇四年一月二六日)、四―五頁。
(43)第九三回国会衆議院一九八〇年一〇月七日提出・質問第六号。
(44)第九三回国会衆議院一九八〇年一〇月二八日受領・答弁第六号。
(45)小林直樹『憲法第九条』(岩波新書、一九八二年)、一〇〇頁。
(46)鈴木「憲法第九条と集団的自衛権」、四一―四二頁。

◉第五章

(1)杉原泰雄『憲法第九条の時代――日本の「国際貢献」を考えるために』(岩波ブックレット、第二五一号)(岩波書店、一九九二年)、二〇―二二頁。
(2)「「自衛隊海外派遣」崩れたタブー意識＝毎日新聞社世論調査」日本財団電子図書館、http://nippon.

zaidan.info/seikabutsu/2002/01257/contents/190.htm
（3）芦部信喜『憲法』新版補訂版（岩波書店、一九九九年）、六八頁。
（4）芦部信喜（高橋和之補訂）『憲法』第三版（岩波書店、二〇〇二年）、六九頁。
（5）裁判所ウェブサイト〈http://www.courts.go.jp/app/hanrei_jp/detail4?id=36331〉
（6）“The United States and Japan: Advancing Toward a Mature Partnership,” INSS Special Report, October 11, 2000, p. 3. 〈http://spfusa.org/wp-content/uploads/2015/11/ArmitageNyeReport_2000.pdf#search=' The+United+States+and+Japan%3A+Advancing+Toward+a+Mature+Partnership'〉 http://www.ne.jp/asahi/nozaki/peace/data/data_inss_sr.html
（7）Richard L. Armitage and Joseph S. Nye, “The US-Japan Alliance Getting Asia Right through 2020,” February 2007, CSIS, p. 21. 〈http://csis.org/files/media/csis/pubs/070216_asia2020.pdf#search=' The+USJapan+Alliance+Getting+Asia+Right+through+2020'〉
（8）Richard L. Armitage and Joseph S. Nye, “The US-Japan Alliance anchoring stability in Asia,” A Report of the CSIS Japan Chair, August 2012, pp. 14-15. 〈http://csis.org/files/publication/120810_Armitage_USJapanAlliance_Web.pdf#search='The+USJapan+Alliance+anchoring+stability+in+Asia'〉
（9）佐瀬昌盛「interview 集団的自衛権行使容認派の重鎮 佐瀬昌盛・防衛大学校名誉教授が感じた『居心地の悪さ』内閣官房副長官補の二人がレールを敷いてしまっていた 私はもう二度と、官邸には足を踏み入れまいと決めました。」『週刊金曜日』第二三巻第三四号、二〇一五年九月。
（10）朝日新聞政治部取材班『安倍政権の裏の顔――「攻防　集団的自衛権」ドキュメント』（講談社、二〇一五年）、一三六―一三八頁。
（11）『「安全保障の法的基盤の再構築に関する懇談会」報告書』二〇一四年五月一五日、一九頁。

(12) 同右、一九―二〇頁。
(13) 同右、二二―二三頁。
(14) 北岡伸一『官僚制としての日本陸軍』(筑摩書房、二〇一二年)。
(15) 元内閣法制局長官の阪田雅裕は、積極的に集団的自衛権は違憲だという主張を発信し、違憲論者が形成した「国民安保法制懇」の設立者の一人にもなった。しかし「法制局の次長が局長にしてもらえて」、「ギリギリこれなら法制局としては結構です」という経緯を経て七・一閣議決定がなされてからは、「安倍総理が集団的自衛権という形式だけとって、実はとらない気持ちだったらあまり追い込んではいけない」という立場になり、安保法制懇からも離れていったという。小林節・山中光茂『たかが一内閣の閣議決定ごときで――亡国の解釈改憲と集団的自衛権』(皓星社、二〇一四年)、三五―三六頁。
(16) 閣議決定「国の存立を全うし、国民を守るための切れ目のない安全保障法制の整備について」、二〇一四年七月一日。
(17) 朝日新聞政治部取材班、前掲書、一六九頁。
(18) 「政府・与党の示した安全保障法整備の方向性は、……二次にわたる安保法制懇の提言に見られるような明快な憲法解釈を反映するものではない」。柳井俊二「日本の平和貢献とその法的基盤」柳井俊二・村瀬信也(編)『国際法の実践　小松一郎大使追悼』(信山社、二〇一五年)、二二二頁。

あとがき

平和構築という私の専門分野で通常主な研究対象とするのは、アフリカや中東や南アジアなどにおける紛争多発地域において、永続的な平和を作り出していくための政策である。ボスニア・ヘルツェゴビナ、コソボ、シエラレオネ、リベリア、スーダン、南スーダン、ルワンダ、ソマリア難民キャンプ、クルド難民キャンプ、パレスチナ、アフガニスタン、スリランカ、カンボジア、東ティモール……、私自身、数多くの紛争後国を訪問してきた。日本の大学においても、これらの諸国の出身者のみならず、シリアなどさらに多くの紛争関係国からの大学院生を指導している。紛争の現実を背負いながら生きている人々の姿には、胸を打たれることが多い。困難な状況の中で、現地の人々が政治的現実と折り合いをつけながら生活を立て直そうとする努力は、研究者としての私にも、深い人間の威厳を感じさせるものだ。

日本と同じように数万人規模のアメリカ兵を半世紀以上にわたって駐留させ続けているドイツや韓国も、それぞれの政治的立場をふまえた結果、それぞれのやり方で、アメリカ軍と共存する現実を受け入れた日常生活を作り出している。それぞれの国の平和構築のプロセスの中で、アメリカ軍がいる現実を、決して最善ではないが一つの現実的な妥当性を持つ政策として受け入れている。アメリカ軍の駐留が素晴らしく美しいことだと思って受け入れているわけではない。それは平和構築プロセスの中で政策的に取り組まなければならない冷厳な現実の一つなのである。

憲法九条と日米安保を支柱とする日本の国家体制は、厳しい現実の中で、日本人がぎりぎりの選択を繰り返してきた結果、維持されてきた。日本のアメリカへの依存は、決して美しいものではない。しかしそれでも依存を選択してきた。現実を分析しながら、望んで、あるいは諦めながら、社会の中枢を形成する日本人たちは、選択を行い続けてきた。好むと好まざるとにかかわらず、現代に生きる日本人は皆、その蓄積された選択の伝統の上で生活をしている。

二〇一五年の安保法制反対デモの中に、「War Is Over, If You Want It」というスローガンがあるのを、何度も見かけた。ジョン・レノンとオノ・ヨーコが一九六〇年代末からベトナム反戦運動で使いだしたメッセージであり、一九七一年の「Happy Christmas」の中のフレーズでもある。「戦争は終わっている（あなたがそれを望めば）」というメッセージは、その瞬間に進行中の戦争があることを念頭に置いたうえで、その事実に対する共感と責任を、その時代に生きたアメリカ人たちに、求めたものだ。ジョン・レノンは、その瞬間の同時代の世界の現実に対する想像力を求めた。

安保法制反対デモで、このメッセージを使うことに、いったいどういう意味があるのだろうか。日本がすでに戦争に関与していると言いたいわけではなさそうだ。始まるかもしれないと想像する戦争がすでに終わっていることを想像してほしい、というのは、いささか思弁的に過ぎる話であるように思えてならない。ジョン・レノンのメッセージが、「アベ政治を許さない」ということだったとしたら、そこにわれわれは何を感じるべきなのか。二〇一五年の日本では想像力が進展しすぎているのか、想像力の欠落したノスタルジアだけがあるのか。

もしこのメッセージを現代で使うのであれば、アフガニスタン、イラク、シリア、リビア、コンゴ、その他の世界各地の現実の戦争に対する政治的スタンスを問い直すために使うべきではないだろうか。この瞬間に現実に起こっている戦争について想像することも全くないまま、切迫した訴えかけを持っていた過去のメッセージを、文脈を無視して簡単に借用していいのだろうか。

日本は、七〇年前に戦争を終わりにした。甚大な数の人々が戦争の犠牲になった後に成し遂げられた出来事であった。一九四五年当時、日本人は、もはや戦争をすることがない社会を、必死で想像しようとした。終わった戦争が再び起こることがない社会を、必死で想像しようとした。その結果、憲法九条と日米安保を組み合わせた独特の平和構築の仕組みを作り出した。

われわれは、少なくとも、それが一つの平和構築の試みであったことは、認めていくべきであろう。そのうえで、その平和構築の政策が、望ましいものだったのか、という問いかけをしていくべきではないか。そのうえで、今回の安保法制に対する評価も、歴史的な視点をふまえて行っていくべきなのではないか。首相のパーソナリティーに対する好き嫌いといった視点に問題を貶めることは、妥当なことだろうか。

本書は、そうした問題意識に基づいて執筆された。

安保法制を通じて、日本の国家体制は新しい間口を確保したのだとは言えよう。しかし結局は、従来の日本の国家体制に深くかかわる勢力が、憲法の枠内で引き続き日米同盟体制を維持するために、安保法制を導入したのだ。法解釈の継続性が保たれた体裁はとられた。内閣法制局は否定されなかった。日米同盟を維持するための方策の法的基盤は導入された。おそらく今回の安保法制の曖昧な文言によって、日本の国家体制が変わるという事態は発生しえないだろう。むしろ、なお既存の体制を維持していくために、安保法制は便利な道具として用いられていくのだろう。

日本の国家体制は堅固であり、今後も続いていく。曖昧で一貫性のない文章が堆積していったその先に、望ましい未来が開けてくるというイメージは、どうしてもつかみにくい。近い将来に日本の体制に危機が訪れるとすれば、それはおそらく法律の文言や首相の思想などからではないだろう。現実と言葉の間にある巨大な間隙にこそ、大きな危機が潜んでいると言うべきではないか。

危機は、突然に、日本の歴史に深く根差した具体的な地域的な問題から起こってくるのではないか。たとえば、沖縄であり、韓国（朝鮮半島）である。一九七二年の沖縄の返還が日米安保体制そして集団的自衛権の理解にも大きな意味を持つ事件であったことを見た。そもそも日本という島国自体が太平洋をはさんでアメリカと向き合っているという地政学的な宿命を持っているわけだが、沖縄はさらに局所的に極めて大きな地政学的重要性を持っている。

朝鮮半島は、日本の平和構築の歴史において、繰り返し様々な意味を持って現れてきた。武装解除された士族（元兵士）の不平問題と関係した征韓論を通じて、日本の帝国主義国家化の帰結としての韓国併合を通じて、第二次世界大戦後の敗戦国・日本の分割回避の裏側での半島分割を通じて、朝鮮戦争によって日本にもたらされた特需を通じて、そして六〇年以上にわたる国連軍後方司令部の駐留による朝鮮半島有事の場合の日本の関与の可能性を通じて、それぞれの場面で朝鮮半島が日本の国家体制の問題と結びついてきた。おそらく今後もそうだろう。

沖縄や朝鮮半島に何らかの危機が発生する事態こそが、今回の安保法制の意味が最も先鋭に問われてくる事態だ。ただし、沖縄や朝鮮半島をめぐって危機的状況が生まれるのでなければ、安保法制は淡々と体制維持に資するものとして機能していくだろう。

本書は、あえて体制擁護の立場も、反体制の立場もとることはしなかった。ただ、日本の国家体制の維持という観点から、そして完成していない平和構築のプロセスの新しい一段階であるという観点から、安保法制を分析した。その結果、何が判明したのか。

一方では、不必要なまでに「国家の基本権」の思想が、安保法制の最終的な文言に入り込みすぎていることがある。これはむしろ内閣法制局が伝統的に保管してきた概念枠組みが、今回の安保法制の中で拡大発展してしまったことを意味する。より肯定的な側面としては、憲法一三条の遵守に日本の立憲主義の一つの支柱があり、それは日米同盟体制を含めた安全保障政策を説明し得るものだということであった。これらについて戦後の日本人は苦闘してきたのであり、安保法制はその中の現代的な一コマとして位置づけられうる。願わくは安保法制をめぐる議論が、日本の立憲主義を強化する方向に進んでいけばと思う。

＊

本書については、国際政治学者が書いた書物としては、憲法学者の議論の領域にあまりにも無神経に入り込みすぎだ、という意見が予想される。異なる分野の学者が他人の分野に入り込んで本書のように踏み込んだ議論をすることは、特に日本では、通常あまり見ることがない事態だろう。私の場合、法律分野であれば、国際法学会には長く所属しており、報告したり論文発表したりしている。国際法学者の方々との共同研究も自然に多々行ってきている。隣接分野ということで言えば、私は大学学部時代に政治理論を専攻し、憲法思想史といった問題領域は、若いころから取り組んでいた。イエリネック、ケルゼン、シュミット、そして芦部信喜、佐藤幸治といった方々の著作は、大学学部時代から親しんできたものだ。しかし憲法学会には参加したことがない。その意味では、国際政治学者や国際法学者の方々に対して以上に、憲法学者の方々に対して、本書での踏み込んだ参照について非礼をお詫びすべきであろう。

ただ国際的な平和構築活動を専門にする研究者として、アフガニスタンの憲法、イラクの憲法、シエラレオネの憲法、スーダンの憲法……、などを、紛争後社会に平和を構築するという観点から検討し、価値判断めいたことを行うことは、多々ある。その一方で、最も情報に触れることが容易であるはずの日本の憲法については一切語ることができない、といった姿勢は、許されるべきものではないだろう。憲法は、必然的に憲法学者の議論を超えて存在するものである。

いずれにせよ私自身は、決して憲法学者のまねごとをしようというつもりはない。むしろ一市民として憲法に関する問題についても考えてみたのが本書であろう。憲法学者であるがゆえの鋭い視点は、当然われわれ全員が教えを請いたい事柄であり、憲法学者の専門性を深く称賛したいところだ。しかし、単に憲法学会に属する者であれば普通はこういうふうに考えるものだ、といった類の言説に対しては、憲法学者でない者が憲法学者と異なる受け止め方をするのは、やむを得ないことだ。それでもあえて憲法学者の言説に関与をするのは、それが憲法という特別な規範体系に関する議論だからだ。

＊

本書の執筆にあたっては風行社の犬塚満社長にお世話になった。私の断片的な内容のインタビュー新聞記事などを拾い上げて、安保法制をめぐる問題についてまとまった文章を書いてみたらどうかと強く誘ってくださったのが、犬塚社長だったからだ。

私の本当の学術的な専門分野からすると、他に時間をあてなければならない研究テーマは多々存在しており、本書の執筆にいたずらに時間を使うことはできなかった。そこで休みの期間を使って集中的に調査と執筆を行うことにした。

三月二九日の施行の際には、国会図書館周辺も反対派の方々のデモで雑然とした雰囲気となった。窓越しにシュプレヒコールが聞こえる中、国会図書館で半世紀前の日本人たちが書いた安保条約や砂川事件に対する論考を読み進める作業は、学者としての気概を感じるものではあった。一人の日本人として、日本人たちが数十年前に議論し、現在も議論している問題に、かかわる作業を行うことに、意義を感じることができた。犬塚社長のおかげである。深く感謝している。

■ま行

■や行

■ら行

索　引

＊３頁以上連続する場合は、3-6 のように示してある。
＊一語が２頁にまたがっている場合は、7=8 のように示してある。

●著者紹介
篠田英朗［しのだ　ひであき］
1968年生まれ。ロンドン大学（London School of Economics and Political Science）大学院修了（国際関係学 Ph.D.）。広島大学平和科学研究センター准教授などをへて、現在、東京外国語大学総合国際学研究院教授。ケンブリッジ大学、コロンビア大学客員研究員を歴任。
主要著書に、『国際紛争を読み解く五つの視座――現代世界の「戦争の構造」』（講談社、2015年）、『平和構築入門――その思想と方法を問う』（ちくま新書、2013年）、『「国家主権」という思想――国際立憲主義への軌跡』（勁草書房、2012年＝サントリー学芸賞）、『国際社会の秩序』（東京大学出版会、2007年）、『平和構築と法の支配――国際平和活動の理論的・機能的分析』（創文社、2003年＝大佛次郎論壇賞［韓国語訳版 2008年］）、*Re-examining Sovereignty: From Classical Theory to the Global Age*（Macmillan, 2000［中国語訳版、商務印書館、2004年］）など。

選書〈風のビブリオ〉3
集団的自衛権の思想史――憲法九条と日米安保

2016年 7 月15日第 1 版第 1 刷発行
2021年 3 月30日第 1 版第 7 刷発行

著　者　篠田　英朗
発行者　犬塚　満
発行所　株式会社風行社
〒101-0064 東京都千代田区神田猿楽町 1－3－2
Tel. & Fax. 03-6672-4001　振替 00190-1-537252
印刷・製本　中央精版印刷株式会社
装丁　坂口　顯

　ISBN978-4-86258-104-4